U0228121

教育部高等学校电子信息类专业教学指导委员会规划教材

高等学校电子信息类专业系列教材

电气控制及可编程控制技术应用

汪华章　宰文姣　秦常贵　主　编

张艳珍　副主编

陈亦鲜　游志宇　编　著

清华大学出版社

北　京

内 容 简 介

本书兼顾工程应用和教学需求,介绍常用的低压电器及基本的控制电路,以及三菱 FX 系列 PLC 的编程基础、方法、工程控制案例等。本书主要包含两部分:第一部分主要介绍常用的低压电器的工作原理、电气符号,常用的传统的电气控制线路,为后续采用 PLC 改造传统的继电器控制线路奠定基础。第二部分以三菱 FX 系列的 FX2N、FX3U 等 PLC 为例,系统介绍 PLC 的组成、工作原理、内部软元件、基本逻辑指令、步进阶梯指令、应用指令。本书注重实际工程应用,以工程的理念、规范化的设计步骤,分析、设计和阐述了大量例题的实现过程。

本书可作为高等院校电气控制和可编程控制技术课程的教材,也可作为高职高专、中等职业技术学校 PLC 技术课程的教材和 PLC 技术培训教材,还可供电气、机电一体化等领域的从业人员参考。

图书在版编目(CIP)数据

电气控制及可编程控制技术应用 / 汪华章,宰文姣,
秦常贵主编. -- 北京:清华大学出版社,2024.8.
(高等学校电子信息类专业系列教材). -- ISBN 978-7
-302-66969-2

Ⅰ. TM921.5;TP332.3

中国国家版本馆 CIP 数据核字第 20243YY705 号

责任编辑:文 怡
封面设计:王昭红
责任校对:韩天竹
责任印制:曹婉颖

出版发行:清华大学出版社
　　　　网　　　址:https://www.tup.com.cn,https://www.wqxuetang.com
　　　　地　　　址:北京清华大学学研大厦 A 座　　　邮　　编:100084
　　　　社 总 机:010-83470000　　　　　　　　　邮　　购:010-62786544
　　　　投稿与读者服务:010-62776969,c-service@tup.tsinghua.edu.cn
　　　　质量反馈:010-62772015,zhiliang@tup.tsinghua.edu.cn
　　　　课件下载:https://www.tup.com.cn,010-83470236
印 装 者:三河市龙大印装有限公司
经　　销:全国新华书店
开　　本:185mm×260mm　　印　张:14.75　　　　　字　　数:341 千字
版　　次:2024 年 8 月第 1 版　　　　　　　　　印　　次:2024 年 8 月第 1 次印刷
印　　数:1～1500
定　　价:55.00 元

产品编号:102968-01

前 言

在德国工业 4.0、中国制造 2025 的背景下,产业的自动化、信息化、数字化、智能化技术成为必然趋势,而 PLC 控制技术是整个技术链条上最为核心的部分。高等院校的人才培养必须符合国家战略,教材编写从新工科的培养理念入手,着重培养学生的工程素养,锻炼学生的分析问题、解决复杂工程问题的能力。在专业知识培养体系中,不只关注理论知识灌输,更注重实践能力的培养。因此,本书通过凝练并抽象出工程项目中核心的控制模块,以实例的形式进行分析和解读。同时配有多个实际工程案例,让学生以工程师的思维去分析和解决实际的工程。本书按照方案的设计、控制器的选型、端口的数量的确定和分配、PLC 的外部硬件接线、程序的编写、调试等全过程进行编写。

本书主要包含两部分:第一部分主要介绍常用的低压电器的工作原理、电气符号,常用的传统的电气控制线路,为后续采用 PLC 改造传统的继电器控制线路奠定基础。第二部分以三菱 FX 系列的 FX2N、FX3U 等 PLC 为例,系统介绍 PLC 的组成、工作原理、内部软元件、基本逻辑指令、步进阶梯指令、应用指令。本书注重实际工程应用,以工程的理念、规范化的设计步骤,分析、设计和阐述了大量例题的实现过程。同时,为了进一步提升学生独立分析问题、解决复杂工程问题的能力,在编程核心章节详细分析了多个实际的工程案例,深入浅出地阐述应用 PLC 技术的编程方法和技巧。根据各类 PLC 的功能和指令稍加修改就能应用于其他类型的 PLC。

全书分为 7 章,第 1、2 章由四川师范大学宰文姣编写,第 3 章由西南民族大学陈亦鲜和洛阳职业技术学院张艳珍共同编写,第 4 章、第 5 章由西南民族大学汪华章编写,第 6 章由西南民族大学游志宇和广东松山职业技术学院秦常贵共同编写,第 7 章由汪华章和秦常贵共同编写,全书由汪华章统稿。张艳珍和秦常贵参与了全书的审稿工作。

本书配有电子课件,欢迎选用本书作教材的教师索取。本书可作为高等院校电气控制和可编程控制技术课程的教材,也可作为高职高专、中等职业技术学校 PLC 技术课程的教材和 PLC 技术培训教材,还可供电气、机电一体化等领域的从业人员参考。

本书参阅了国内外大量的相关教材资料,在此表示衷心的感谢! 由于编者水平有限,时间仓促,书中难免有错误和不妥之处,恳请读者谅解。

编 者

2024 年 5 月

目录

目录

目录

目录

第1章

电气控制

电气控制技术是随着科学技术的不断发展、生产工艺不断提出新的要求,从手动控制到自动控制,从简单的控制设备到复杂的控制系统,从有触点的硬接线控制系统到以计算机为中心的存储控制系统。

有些电器元件有其特殊性,如继电器、接触器等电气控制器件是电动机技术与继电器、接触器控制技术相结合的产物,其输入、输出与低压电器密切相关。低压电器是现代工业过程自动化的重要基础器件,也是组成电气成套设备的基础配套元件,它对电能的生产、输送、分配与应用起着控制、调节、检测、保护、交换的作用。掌握常用电气控制器件也是学习和掌握可编程逻辑控制器(Programmable Logic Controller,PLC)应用技术必需的基础。

其低压电器的主要分类如下。

按用途分类:控制电器,接触器、继电器等,用于各种控制电路和控制系统的电器;配电电器,低压断路器等,用于电能的输送和分配的电器;主令电器,按钮、转换开关等,用于自动控制系统中发送动作指令的电器;执行电器,电磁铁、电磁离合器等,用于完成某种动作或传送功能的电器;保护电器,熔断器、热继电器等,用于保护电路及用电设备的电器。

按操作方式分类:自动电器,接触器、继电器等,产生电磁吸力而自动完成动作指令的电器;手动电器,刀开关、按钮等,通过人的操作发出动作指令的电器。

按工作电压等级分类:低压电器,AC1200V、DC1500V以下电路中的电器;高压电器,AC1200V、DC1500V及以上电路中的电器。

1.1 常用电气控制器件

电器对电能的生产、输送、分配与应用起着控制、调节、检测和保护作用,在电力输配电系统和电力拖动自动控制系统中应用广泛。下面对常用的低压电器基本结构、工作原理、电气符号进行简单的介绍。

1.1.1 按钮

按钮是一种手动操作,并具有储能(弹簧)复位的一种控制开关。一般而言,按钮的触点通过的电流较小,通常在控制电路中用来控制接触器、继电器等电器,再通过它们去控制主电路的通断、连锁等功能,按钮工作过程中,常开和常闭是联动的。常见按钮开关的外形、结构及符号如图1-1所示。

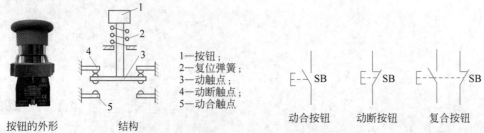

1—按钮;
2—复位弹簧;
3—动触点;
4—动断触点;
5—动合触点;

按钮的外形　　结构　　动合按钮　　动断按钮　　复合按钮

图1-1　常见按钮开关的外形、结构及符号

按钮常态时,动断触点闭合,动合触点断开;按钮按下时,动断触点断开,动合触点闭合。

按钮使用时注意以下事项。

(1)选择按钮时应根据所需的触点数、使用的场所及颜色来确定。常用的 LA18、LA19、LA20 系列按钮开关,适用 AC500V、DC440V,额定电流 5A,控制功率为 AC300W、DC70W 的控制回路中。

(2)"停止"和"急停"按钮是红色。"启动"按钮是绿色。"点动"按钮是黑色。"启动"与"停止"交替动作的按钮是黑、白或灰色。"复位"按钮是蓝色。复位按钮兼有停止的作用时是红色。

1.1.2 开关

1.刀开关

刀开关又称刀闸,一般用于不需经常切断与闭合的交、直流低压(不大于 500V)电路,在额定电压下其工作电流不能超过额定值。在机床上,刀开关主要用作电源开关,它一般不用来接通或切断电动机的工作电流。刀开关分单极、双极和三极,常用的三极刀开关长期允许电流有 100A、200A、400A、600A 和 1000A 五种。生产的产品型号有 HD(单投)和 HS(双投)等系列。常见刀开关的外形、结构及符号如图 1-2 所示。

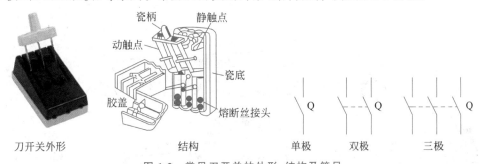

图 1-2 常见刀开关的外形、结构及符号

刀开关作用是隔离电源,以确保电路和设备维修的安全,或作为不频繁地接通和分断额定电流以下的负载用。分断负载,如不频繁地接通和分断容量不大的低压电路或直接启动小容量电动机。刀开关处于断开位置时,可明显观察到,能确保电路检修人员的安全。

2.行程开关

行程开关又称位置开关或限位开关,它的作用与按钮相同,是一种利用某些运动部件的撞击来发出控制信号,从而实现接通或分断电路的小电流主令电器。常见行程开关的外形、结构及符号如图 1-3 所示。

直动式行程开关工作原理是,工作时,外界运动部件上的撞块碰压按钮使其触点动作,运动部件离开后,在弹簧作用下其触点自动复位。基于一个机械结构和一个电子开关,通过将机械运动转换为电信号来控制电路的开关或闭合。

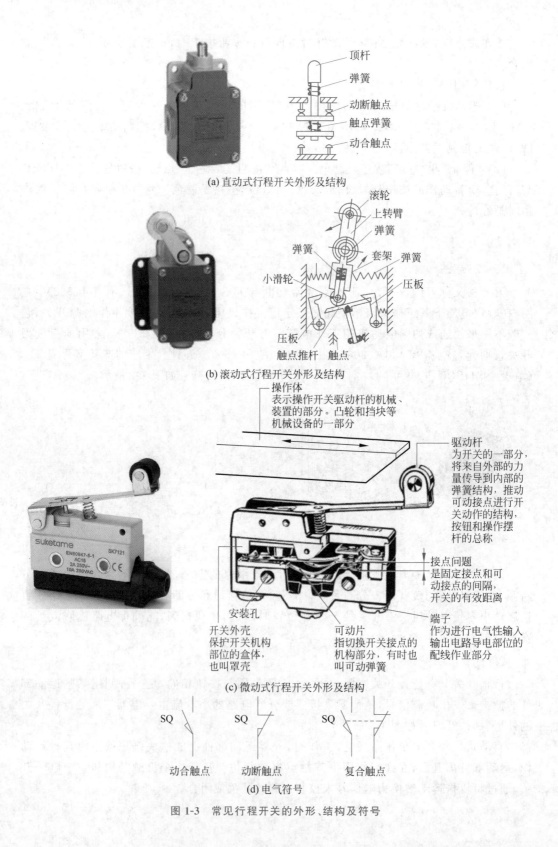

顶杆
弹簧
动断触点
触点弹簧
动合触点

(a) 直动式行程开关外形及结构

滚轮
上转臂
弹簧
弹簧
套架 弹簧
小滑轮
压板
压板
触点推杆 触点

(b) 滚动式行程开关外形及结构

操作体
表示操作开关驱动杆的机械、
装置的部分。凸轮和挡块等
机械设备的一部分

驱动杆
为开关的一部分，
将来自外部的力
量传导到内部的
弹簧结构，推动
可动接点进行开
关动作的结构，
按钮和操作摆
杆的总称

接点间题
是固定接点和可
动接点的间隔，
开关的有效距离

端子
作为进行电气性输入
输出电路导电部位的
配线作业部分

安装孔

开关外壳
保护开关机构
部位的盒体，
也叫罩壳

可动片
指切换开关接点的
机构部分，有时也
叫可动弹簧

(c) 微动式行程开关外形及结构

SQ   SQ   SQ

动合触点   动断触点   复合触点

(d) 电气符号

图 1-3 常见行程开关的外形、结构及符号

滚动式行程开关工作原理是,通过装在运动部件上的挡块来撞动行程开关,使动合触点闭合,动断触点断开。

微动式行程开关工作原理是,当驱动杆被压下时,弹簧片发生变形,储存能量并产生位移,达到预定的临界点时,弹簧片连同动触点产生瞬时跳跃,导致电路接通、分断或转换。

行程开关:按外壳防护形式可分为开启式、防护式和防尘式;按动作速度可分为瞬动和慢动(蠕动);按复位方式可分为自动复位和非自动复位;按接线方式可分为螺钉式、焊接式和插入式;按操作形式可分为直杆式(柱塞式)、直杆滚轮式(滚轮柱塞式)、转臂式、方向式、叉式和铰链杠杆式。

行程开关可用作起重设备用行程开关、微动开关等。

3.转换开关

转换开关又称组合开关,与刀开关的操作不同,它是左右旋转的平面操作。转换开关具有多触点、多位置、体积小、性能可靠、操作方便、安装灵活等优点,多用于机床电气控制线路中电源的引入开关,起着隔离电源的作用,还可作为直接控制小容量异步电动机不频繁启动和停止的控制开关。转换开关同样也有单极、双极和三极,如图1-4所示。

转换开关文字符号:SA。

转换开关图形符号:各触点在手柄转到不同挡位时的通断状态用黑点"·"表示,有黑点者表示触点闭合,无黑点者表示触点断开。

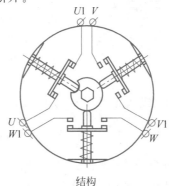

转换开关外形　　　　　　　　结构

LW5-15D0403/2				
触头编号		45°	0°	45°
⟋	1-2	×		
⟋	3-4	×		
⟋	5-6	×	×	
⟋	7-8			×

45° 0° 45°
⊸1 2⊸
⊸3 4⊸
⊸5 6⊸
⊸7 8⊸

电气符号　　　　　　　　状态表

图 1-4　常见转换开关的外形、结构

4. 接近开关

接近开关为非接触式的位置检测装置,当运动着的物体接近它到一定距离时,它就能发出信号,从而进行相应的操作。常见接近开关的外形如图1-5所示。

接近开关主要类型有霍尔效应型、电感型、电容型、高频振荡型、超声波型等。

接近开关参数:动作距离、重复精度、操作频率、复位行程等。

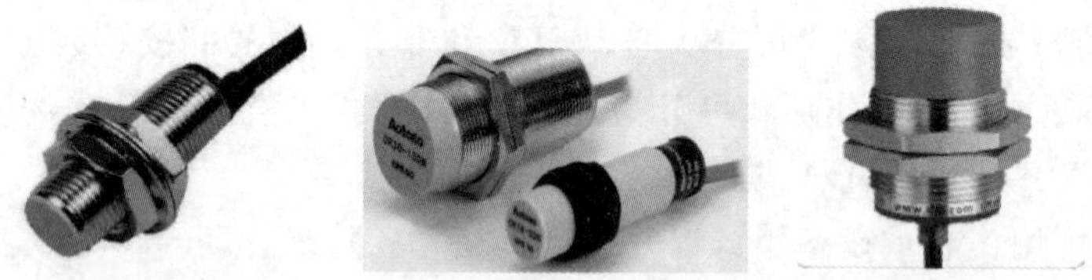

霍尔效应型　　　　　电感型　　　　　电容型

图1-5　常见接近开关的外形

5. 光电开关

光电开关是通过光的发射和接收实现非接触式位置检测装置。

光电结构的非接触式行程开关是运动着的物体接近它到一定距离时,通过光的发射和接收部件发出信号,从而进行相应的操作。常见光电开关的外形如图1-6所示。

图1-6　常见光电开关的外形

光电开关的分类:根据光的发射和接收部件的安装位置和光的接收方式的不同,分为对射式和反射式。

光电开关的作用距离:几厘米到几十米。

1.1.3　接触器

接触器是一种自动的电磁式低压自动控制电器,在电力拖动和自动控制系统中使用量大、涉及面广,适用于远距离频繁接通和断开交直流主电路及大容量控制电路。其主要应用于自动控制交(直)流电动机、电热设备、电容器组和电阻炉等。它不仅能减轻操作者的劳动强度,使操作者避开高电压、大电流的电路,确保人身安全,而且控制容量很大、工作可靠、操作频率高、使用寿命长,同时还具有低电压(欠压与失压)释放保护功能等优点,因而得到了广泛应用。交流接触器的外形、结构及符号如图1-7所示。

电磁结构:由线圈、动铁芯(衔铁)和精铁芯组成。

触点系统:由主触点和辅助触点组成,主触点用于通断主电路,辅助触点用于控制电路。

接触器的电磁工作原理:当电磁线圈通电后,线圈电流产生磁场,使静铁芯产生电磁吸力吸引衔铁,并带动触点动作,使动断触点断开,动合触点闭合,两者是联动的。当线圈断电时,电磁力消失,衔铁在释放弹簧的作用下释放,使触点复原,即动合触点断开,动

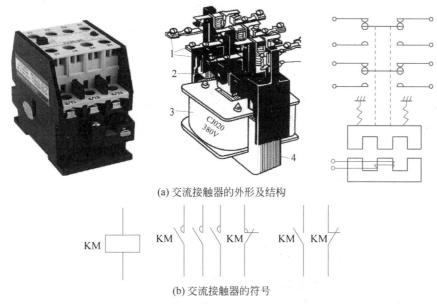

(a) 交流接触器的外形及结构

(b) 交流接触器的符号

图 1-7　交流接触器的外形、结构及符号

断触点闭合。

接触器可分为交流接触器和直流接触器。

交流接触器线圈通以交流电,主触点接通、切断交流主电路。其主要有以下特点。

(1) 交变磁通穿过铁芯,产生涡流和磁滞损耗,使铁芯发热。

(2) 铁芯用硅钢片冲压而成以减少铁损。

(3) 线圈做成短而粗的圆筒状绕在骨架上以便于散热。

(4) 铁芯端面上安装铜制的短路环,以防止交变磁通使衔铁产生强烈振动和噪声。

(5) 灭弧装置通常采用灭弧罩和灭弧栅。

直流接触器线圈通以直流电,主触点接通、切断直流主电路。其主要有以下特点。

(1) 不产生涡流和磁滞损耗,铁芯不发热。

(2) 铁芯用整块钢制成。

(3) 线圈制成长而薄的圆筒状。

(4) 250A 以上的直流接触器采用串联双绕组线圈。

(5) 通常采用灭弧能力较强的磁吹灭弧装置。

选择接触器主要考虑以下因素。

(1) 接触器的使用类别与负载性质一致。

(2) 控制交流负载选用交流接触器。

(3) 控制直流负载选用直流接触器。

主触点的额定工作电压应大于或等于负载电路的电压;主触点的额定工作电流应大于或等于负载电路的电流;吸引线圈的额定电压应与控制回路电压一致;主触点和辅助触点的数量应能满足控制系统的需要;接触器主触点的额定工作电流是在规定条件下

（额定工作电压、使用类别、操作频率等）能够正常工作的电流值，当实际使用条件不同时，这个电流值也将随之改变，且吸引线圈的额定电压应与控制回路电压相一致等。

以交流接触器为例，具体型号意义如表 1-1 所示。

表 1-1　交流接触器具体型号意义

型号	频率/Hz	辅助触点额定电流/A	线圈电压/V	主触点额定电流/A	额定电压/V	可控制电动机功率/kW
CJ20-10			～36	10	380/220	4/2.2
CJ20-16	50	5	127 220	16	380/220	7.5/4.5
CJ20-100			380	100	380/220	50/58

注：交流接触器主要型号是 CJ ** 。

1.1.4　熔断器

熔断器用于供电线路和电气设备的短路保护的保护电器，其结构简单、使用方便、价格低廉。熔断器的核心是熔体，通常用低熔点的铅锡合金、锌、铜、银的丝状或片状材料制成，新型的熔体通常设计成灭弧栅状和具有变截面片状结构。

熔断器的类型如图 1-8 所示。

(a) 插入式熔断器　　　　　　　　(b) 螺旋式熔断器

(c) 封闭式熔断器　　　　　　　　(d) 快速熔断器

图 1-8　熔断器的类型

图 1-8(a)所示的插入式熔断器主要用于配电支线普通负载；图 1-8(b)所示的螺旋式熔断器主要用于机床设备的电气控制系统；图 1-8(c)所示的封闭式熔断器主要用于配电干线大电流设备；图 1-8(d)所示的快速熔断器主要用于半导体器件和设备。熔断器的电气符号如图 1-9 所示。

熔断器的工作原理：当通过熔断器的电流超过一定数值并经过一定的时间后，电流在熔体上产生的热量使熔体某处熔化而切断电路，从而保护了电路和设备。

熔断器的结构形式主要有插入式、螺旋式、有填料密封管式、无填料密封管式等。

熔断器的保护特性曲线如图 1-10 所示，流过熔体的电流越大，熔断所需的时间越短。熔体的额定电流 I_{fN} 是熔体长期工作而不致熔断的电流。

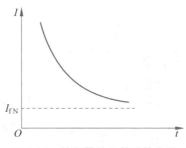

图 1-9　熔断器的电气符号　　　　图 1-10　熔断器的保护特性曲线

熔断器种类选择由电控系统整体设计确定。其额定电压大于或等于实际电路的工作电压。额定电流大于或等于实际电路的工作电流。

（1）电路上、下两级都装设熔断器时，为使两级保护相互配合良好，两级熔体额定电流的比值不小于 1.6∶1。

（2）对于照明线路或电阻炉等没有冲击性电流的负载，熔体的额定电流应大于或等于电路的工作电流，即 $I_{fN} \geqslant I_1$，其中 I_1 为电路的工作电流。

（3）保护一台异步电动机时，考虑电动机冲击电流的影响，熔体的额定电流为

$$I_{fN} \geqslant (1.5 \sim 2.5)I_N$$

式中：I_N 为电动机额定电流。

（4）保护多台异步电动机时，若各台电动机不同时启动，则

$$I_{fN} \geqslant (1.5 \sim 2.5)I_{Nmax} + \sum I_N$$

式中：I_{Nmax} 为容量最大的一台电动机的额定电流；$\sum I_N$ 为其余电动机额定电流的总和。

1.1.5　继电器

继电器是一种根据某种输入信号的变化，使其自身的执行机构动作的自动控制电器。

继电器输入的信号可以是电压、电流等电气量，也可以是温度、时间、速度、压力等非电气量。继电器具有输入电路（感应元件）和输出电路（执行元件），当感应元件中的输入量（如电流、电压、温度、压力等）变化到某一定值时继电器动作，执行元件便接通和断开控制回路。继电器用于控制电路，流过触点的电流小，一般不需要灭弧装置。

常用继电器有电流继电器、电压继电器、中间继电器、时间继电器、热继电器，以及温度、压力、计数、频率继电器等。

继电器按动作时间分为瞬时动作和延时动作继电器等；按作用原理分为感应式、电

动式、光电式、压电式、电磁式、机械式等，一般而言电磁式继电器应用最广（90％以上继电器为电磁式）。

1. 热继电器

热继电器是利用电流的热效应原理，在出现电动机不能承受的过载时切断电动机电路，为电动机提供过载保护的保护电器，如图1-11所示。

图 1-11　热继电器

热继电器由双金属片、加热元件、动作机构、触点系统、整定调整装置及手动复位装置等组成。热继电器是电流通过发热元件加热使双金属片弯曲，推动执行机构动作的电器，其主要用来保护电动机或其他负载免于过载以及作为三相电动机的断相保护。

发热元件串接在电动机定子绕组中，电动机正常运行时，发热元件产生的热量不会使触点系统动作；当电动机过载时，流过发热元件的电流加大，经过一定的时间，发热元件产生的热量使双金属片的弯曲程度超过一定值，通过导板推动热继电器的触点动作（动合触点闭合，动断触点断开）。通常用其动断触点与接触器线圈电路串联，切断接触器线圈电流，使电动机主电路失电。故障排除后，手动复位热继电器触点可以重新接通控制电路。

热继电器的电气符号如图1-12所示。

单相　　三相发热元件　　动断触点

图 1-12　热继电器的电气符号

使用热继电器时注意以下问题。

（1）动作时间不应过分小于电动机的允许发热时间，应充分发挥电动机的过载能力。

（2）热继电器只能用作长期过载保护，不能用作短路保护。

（3）用热继电器保护三相异步电动机时，至少要有两相接热元件。

（4）热继电器所处的周围环境温度，应保证它与电动机有相同的散热条件。

2. 中间继电器

中间继电器是将一个输入信号变成多个输出信号或将信号放大（增大触点容量）的继电器。其实质为电压继电器，但它的触点数量较多（可达 8 对），触点容量较大（5～10A）且动作灵敏。当其他继电器的触点对数不够用时，可借助中间继电器来扩展它们的触点数量，也可以实现触点通电容量的扩展。图1-13展示了常见中间继电器的外形及结构。

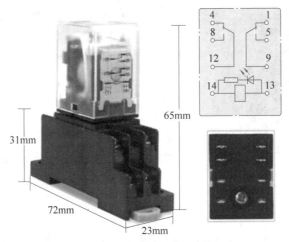

图 1-13　常见中间继电器的外形及结构

中间继电器的作用：当电压或电流继电器触点容量不够时，可借助中间继电器来控制，用中间继电器作为执行元件，这时中间继电器被当作一级放大器用。触点数量较多，能够将一个输入信号变成多个输出信号。当其他继电器或接触器触点数量不够时，可利用中间继电器来切换多条控制电路。

中间继电器的工作原理与小型交流接触器基本相同，但触点没有主、辅之分，且无灭弧装置，每对触点允许通过的电流大小相同，触点容量与接触器的辅助触点差不多，其额定电流一般为 5A。中间继电器的电气符号如图 1-14 所示。

图 1-14　中间继电器的电气符号

3．电流继电器

电流继电器是根据输入（线圈）电流大小而动作的继电器。电流继电器可分为过电流继电器和欠电流继电器。

当电路发生短路及过流时过电流继电器立即将电路切断。过电流继电器具有以下特点：

（1）线圈电流小于整定电流时，继电器不动作；线圈电流超过整定电流时，继电器才动作。

（2）动作电流整定范围：交流为 $(110\% \sim 350\%)I_N$，直流为 $(70\% \sim 300\%)I_N$。

当电路电流过低时欠电流继电器立即将电路切断。欠电流继电器具有以下特点：

（1）线圈电流大于或等于整定电流时，继电器吸合；线圈电流低于整定电流时，继电器释放。

（2）动作电流整定范围：吸合电流为 $(30\% \sim 50\%)I_N$ 释放电流为 $(10\% \sim 20\%)I_N$。

4．时间继电器

在自动控制系统中，常需要用到延时后再动作的时间继电器。目前随着电子技术的发展，晶体管时间继电器得到广泛应用后这种继电器种类很多，通过感应元件接收外界

图 1-15　时间继电器外形

信号后,经过设定的延时时间才使执行部分动作。最基本的有延时吸合和延时释放,它们大多是利用电容充放电原理来达到延时目的。时间继电器外形如图1-15所示。

时间继电器主要有以下类型。

(1)空气阻尼式时间继电器:包括电磁机构、工作触点及气室三部分,靠空气阻尼作用实现延时。其延时范围较宽、结构简单、工作可靠、价格低廉、寿命长。延时时间为0.4～180s和0.4～60s。

(2)电动式时间继电器:包括同步电动机、减速齿轮机构、电磁离合系统及执行机构。其延时时间长,可达数十小时,延时精度高;但是结构复杂,体积较大。

(3)电子式时间继电器:包括脉冲发生器、计数器、显示器、放大器及执行机构。其延时时间长、调节方便、精度高、应用广。它可取代阻容式、空气阻尼式、电动式等时间继电器。

5. 固态继电器

固态继电器是由固体半导体元件组成的无触点开关器件。

其工作可靠,寿命长,对外界干扰小,能与逻辑电路兼容,抗干扰能力强,开关速度快,无火花,无动作噪声和使用方便等。但是过载能力低,易受温度和辐射影响,通断阻抗比小。

固态继电器有逐步取代传统电磁继电器的趋势,其还可应用于计算机的输入输出接口、外围和终端设备等传统电磁继电器无法应用的领域。它属于四端有源器件,有两个输入控制端和两个输出受控端。其施加输入信号后,输出呈导通状态;无信号时,输出呈阻断状态。

耐高压的光电耦合实现输入和输出之间的电气隔离。直流固态继电器输出采用晶体管。交流固态继电器输出采用晶闸管。

固态继电器主要参数有输入电压、输入电流、输出电压、输出电流、输出漏电流等。

1.1.6　低压隔离器

低压隔离器是将线路与电源明显地隔开的一类手动操作电器,结构简单、应用广泛。它的作用是手动切除电源,保障检修人员的安全。

低压刀开关由操纵手柄、触刀、触刀插座和绝缘底板等组成,主要类型有带灭弧装置的大容量刀开关、带熔断器的开启式负荷开关(胶盖开关)、带灭弧装置和熔断器的封闭式负荷开关(铁壳开关)等。

额定电压为长期工作所承受的最大电压,大于所控制的线路额定电压。额定电流为长期通过的最大允许电流,大于负载的额定电流。极数与电源进线相数相等。

1.1.7　低压断路器

低压断路器又称自动空气开关,它既可以用来分配电能,也可以用于各种电气设备的不频繁启停控制,对电源线路及电动机等实行保护的电器;同时还能提供失压、欠压、过载和短路等保护。常见断路器的外形及符号如图 1-16 所示。

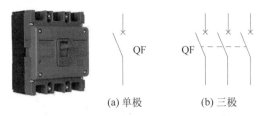

QF   QF

(a) 单极   (b) 三极

图 1-16   常见断路器的外形及符号

断路器可分为框架(万能)式和塑料外壳(装置式)两种类型。

框架(万能)式断路器为敞开式结构,适于大容量配电装置。塑料外壳(装置)式断路器外壳用绝缘材料制作,安全性良好,用于电气控制设备及建筑物内电源线路保护、电动机过载和短路保护。它由触点和灭弧装置、脱扣器与操作机构、自由脱扣机构组成。

正常工作:主触点靠操作机构手动或电动合闸,接通和分断工作电流。

短路或过流保护:过流脱扣器的衔铁被吸合,自由脱扣机构的钩子脱开,自动开关触点分离,切除故障电流。

失压或零压保护:失压脱扣器的衔铁被释放,自由脱扣机构动作,断路器触点分离,切断电路。

塑料外壳断路器主要参数:额定工作电压、额定电流等级、极数、脱扣器类型及额定电流、短路分断能力。

1.2 三相异步电动机的基本控制电路

笼型三相异步电动机的启动、停止控制电路是应用最广泛的,也是最基本的控制电路。电动机启动方式包括全压直接启动、减压启动、软启动器启动和变频器启动等。其中软启动器启动和变频器启动为潮流,较为简单经济,有直接启动和降压启动两种方式。

1.2.1 三相异步电动机的启动与连续运转

三相异步电动机的启动是指三相异步电动机从接入电网并转动时开始,到达额定转速的这一段过程。电动机直接启动控制电路,电动机点动控制电路如图 1-17 和图 1-18 所示。

电路运转情况如下:

按下 SB1→KM 线圈得电→KM 自锁触点闭合→电动机启动并连续运转;

按下 SB→KM 线圈得电→KM 自锁触点闭合→电动机运行;

松开 SB→KM 线圈失电→KM 自锁触点断开→电动机停止运行。

三相异步电动机在启动时定子绕组中电流将增大为额定电流的 4～7 倍,但是启动转矩并不大。大的启动电流将带来以下不良后果。

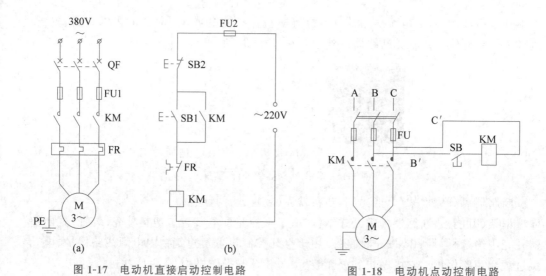

图 1-17　电动机直接启动控制电路　　　　图 1-18　电动机点动控制电路

（1）电动机启动时启动电流过大会造成电压损失过大，使得电动机启动转矩下降；同时会对连接在电网上的其他设备的正常运行造成影响。

（2）造成电动机绕组温度上升，使绝缘老化，从而缩短电动机的使用寿命。

（3）造成过流保护装置的误动作。

因此，三相异步电动机的启动控制方式常使用降压启动控制电路。

1.2.2　三相异步电动机串电阻降压启动控制电路

电动机降压启动的原理为在电动机三相定子电路中串接电阻，使电动机启动时定子绕组电压降低，待电动机平稳启动后再将电阻短路，使电动机在正常电压下运行。串电阻降压启动控制电路如图 1-19 所示，这种启动方式不受电动机接线形式的限制且设备简单，因而广泛应用于电动机控制电路中。

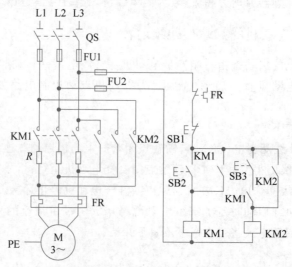

图 1-19　串电阻降压启动控制电路

按下SB2 → KM1线圈得电

按下SB2 → KM1线圈得电 →

- KM1自锁触点闭合
- KM1主触点闭合电动机串联电阻R运行
- KM1动合触点闭合为正常运行做准备

再按下SB3 —

- KM2自锁触点闭合
- KM2主触点闭合(短接电阻R)电动机全压行动

1.2.3 三相异步电动机正、反转控制电路

定子三相绕组电源任意两相对调,改变定子电源相序,可改变电动机转动方向,主电路如图 1-20 所示。

图 1-20(a)所示的控制电路:

相互独立的正转和反转启动控制电路;

按下 SB2,正转接触器 KM1 得电工作;

按下 SB3,反转接触器 KM2 得电工作;

按下 SB2、SB3,KM1 与 KM2 同时工作,两相电源短路。

图 1-20(b)所示的控制电路:

接触器的动断辅助触点相互串联在对方的控制回路;

一方工作时切断另一方的控制回路,使另一方的启动按钮失去作用;

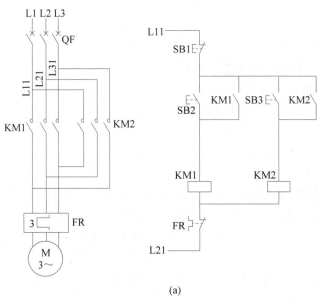

(a)

图 1-20 主电路

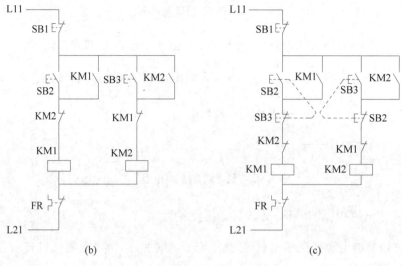

图 1-20 （续）

正、反转接触器互锁，避免了同时接通造成主电路短路；

正、反转切换的过程中间要经过"停"，操作不方便。

图 1-20(c)所示的控制电路：

复合按钮 SB2、SB3 直接实现由正转变成反转；复合按钮联锁。

接触器辅助动断触点互锁必不可少：负载短路或大电流的长期作用接触器的主触点被强烈的电弧"烧焊"在一起，或者接触器的动作机构失灵，使衔铁卡住，总是处在吸合状态，这都可能使主触点不能断开，这时如果另一接触器线圈通电动作，主触点正常闭合，就会造成电源短路事故。主触点与辅助触点在机械上动作一致，互锁。

动断触点将另一接触器线圈电路切断，避免短路。

KM1 和 KM2 分别闭合，定子绕组两相电源对调，电动机转向不同。

正、反转自动循环控制电路如图 1-21 所示。其工作过程：按下正向启动按钮 SB2，接触器 KM1 得电动作并自锁，电动机正转使工作台前进。运行到 ST2 位置，撞块压下 ST2，ST2 动断触点使 KM1 断电，ST2 的动合触点使 KM2 得电动作并自锁，电动机反转使工作台后退。

工作台运动到右端点，撞块压下 ST1 时，KM2 断电，KM1 又得电动作，电动机又正转使工作台前进，这样一直循环。

SB1 为停止按钮。SB2 与 SB3 为不同方向的复合启动按钮，改变工作台方向时，不按停止按钮可直接操作。

限位开关 ST3、ST4 限位保护作用：ST3 与 ST4 安装在极限位置，由于某种故障，工作台到达 ST1(或 ST2)位置，未能切断 KM1(或 KM2)，工作台将继续移动到极限位置，压下 ST3(或 ST4)，此时最终把控制回路断开，使电动机停止，避免工作台越出允许位置所导致的事故。

用行程开关按照机械运动部件的位置或位置的变化进行的控制称为按行程原则的

自动控制。行程开关(ST1、ST3)(ST2、ST4)自动控制电动机正、反转。

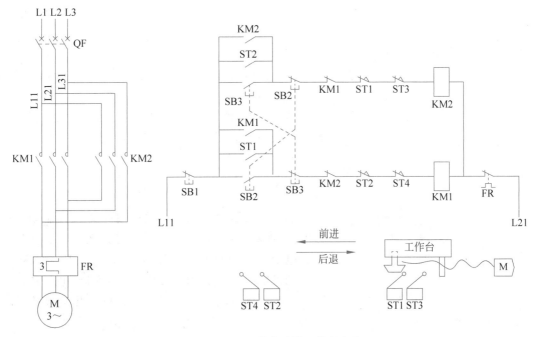

图 1-21 正、反转自动循环控制电路

1.2.4 三相异步电动机的机械制动

电动机的制动控制是指在电动机的轴上施加一个与其本身旋转方向相反的转矩,从而使电动机减速或快速停止。产生制动力矩常用的方法有机械制动和电气制动。机械制动中常用的装置是电磁抱闸,它的主要组成部分为制动电磁铁和闸瓦制动器,如图 1-22 所示。

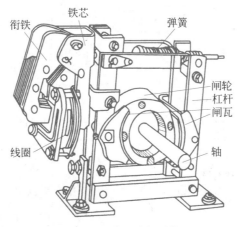

图 1-22 电磁抱闸结构

机械制动控制电路如图 1-23 所示。制动的原理:电磁抱闸的线圈与三相异步电动机的电子绕组并联,且电动机转轴与闸轮相连,当按下启动按钮 SB2 时,线圈 KM 得电,

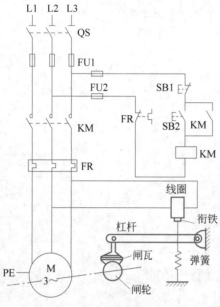

图 1-23　机械制动控制电路

电动机与电磁抱闸线圈同时得电,抱闸线圈得电的同时电磁铁产生磁力吸合衔铁拉动弹簧将杠杆抬起,与杠杆相连的闸瓦与闸轮分开,电动机开始运转。

当电动机准备停机时,按下停机按钮 SB1,线圈 KM 失电,电动机与抱闸线圈同时失电,抱闸线圈失电的同时电磁铁失去磁力放下衔铁,杠杆因为弹簧的拉力带动闸瓦与闸轮紧紧贴合产生摩擦力,产生制动力矩使电动机立即停转。

1.2.5　三相异步电动机的电气制动

电气制动中比较常用的电路为反接制动电路,如图 1-24 所示,其实质为通过改变三相异步电动机定子绕组中三相电源的相序从而产生与电动机本身转动方向相反的转矩,达到制动的效果。

速度继电器是按照预定速度快慢而动作的继电器,速度继电器的转子与电动机的轴相连,电动机转,则速度继电器的转子转。

当电动机停止转速接近零时,动合触点打开,切断接触器的线圈电路。防止电动机会反向升速,发生事故。

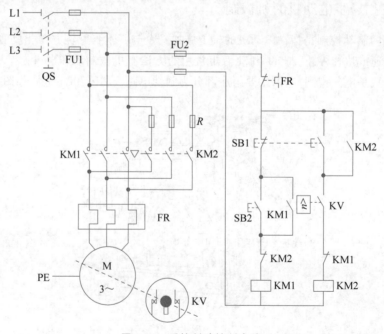

图 1-24　反接制动控制电路

电路的控制过程如下。

（1）启动：

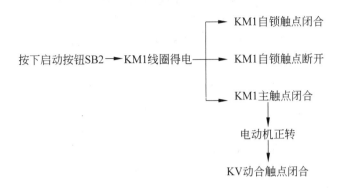

（2）停止：

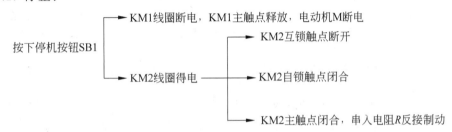

当电动机转速 $n \approx 0$ 时 → KV复位 → KM2断电 → 制动结束

1.2.6　三相异步电动机的星-三角启动

三相异步电动机的星-三角启动又称为 Y-△降压启动，控制电路如图 1-25 所示。

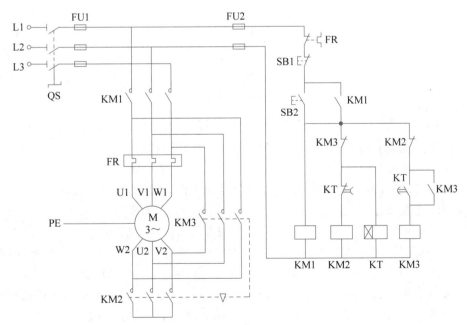

图 1-25　三相异步电动机星-三角降压启动控制电路

它是利用三相异步电动机在正常运行时定子绕组为三角形(△形)联结,但是在启动时先将定子绕组接成星形(Y形),使每相绕组承受的电压为电源的相电压(220V)来降低启动电压,限制启动电流,待启动正常后再把定子绕组改接成三角形(△形)每相绕组承受的电压为电源的线电压(380V)正常运行。

该电路中使用了时间继电器(KT),对电动机的启动延时进行自动控制,对其输入信号后,需要经过预定时间才会动作,以完成控制电路中对时间延迟的需求。

电路的启动过程如下:

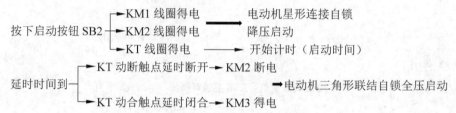

1.2.7 控制电路的其他基本环节

点动控制:按住按钮时电动机转动工作,手放开按钮时,电动机即停止工作。点动控制常用于生产设备的调整,如图 1-26 所示。与长动的主要区别是控制电器能否自锁。

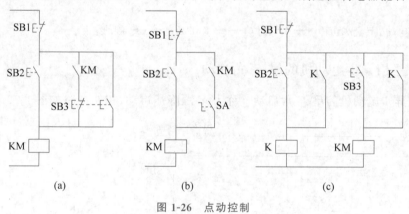

图 1-26 点动控制

图 1-26(a)所示的控制电路,按钮实现点动;图 1-26(b)所示的控制电路,选择开关实现点动与长动切换;图 1-26(c)所示的控制电路,中间继电器实现点动的控制电路。

联锁:电动机有顺序地启动,如图 1-27 所示。

接触器 KM2 必须在接触器 KM1 工作后才能工作,保证了液压泵电动机工作后主电动机才能工作的要求。

互锁:一种联锁关系,强调触点之间的互相作用,如图 1-28 所示。

KM1 动作后,它的动断辅助触点就将 KM2 接触器的线圈通电回路断开,抑制了KM2 再动作,反之也一样,KM1 和 KM2 的两对动断触点称为"互锁"触点。

操作手柄和行程开关形成联锁:扳动手柄,KM4 或 KM5 仍能得电。再扳动手柄使ST3 或 ST4 动作,KM4 或 KM5 失电,进给运动自动停止。KM3 得电主轴旋转后,才允

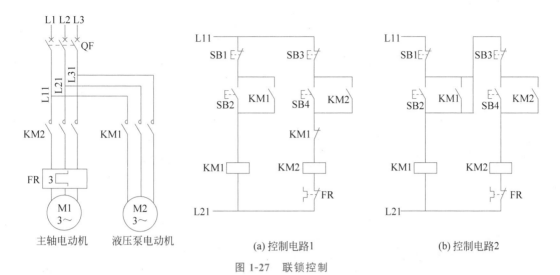

(a) 控制电路1 (b) 控制电路2

图 1-27　联锁控制

许接通进给回路。KM3 打开,进给运动也自动停止。

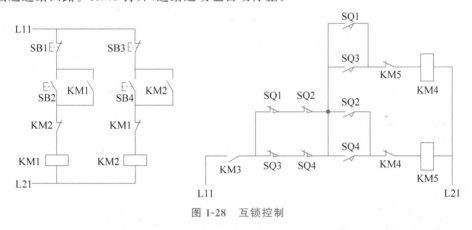

图 1-28　互锁控制

多点控制:多个地点进行控制,如图 1-29 所示。

图 1-29(a)所示的控制电路:启动按钮并联连接,停止按钮串联连接,分别安置在三个地方,就可实现三地操作。

图 1-29(b)所示的控制电路:几个操作者都按启动按钮发出主令信号,设备才能启动,停止时则任一点都可以操作。

图 1-30 为工作台正、反向自动循环控制图,当启动按钮 SB2,KM1 得电时,工作台前进,当达到预定行程后,撞块 1 压下 SQ1,SQ1 动断触点断开,切断接触器 KM1,同时 SQ1 动合触点闭合,反向接触器 KM2 得电,工作台反向运行,当反向到位后,撞块 2 压下 SQ2,工作台又转到正向运行,进行下一个循环。

行程开关 SQ3、SQ4 分别为正向、反向终端保护行程开关,以防 SQ1、SQ2 失灵时,发生工作台从床身上滑出的危险。

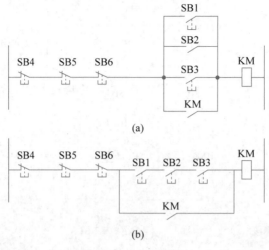

图 1-29　多点控制

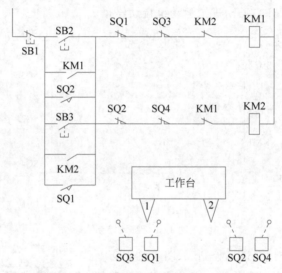

图 1-30　工作台正、反向自动循环控制图

1.3　应用案例

电气控制系统分析注意的几个问题。

了解系统的主要技术性能及机械传动、液压和气动的工作原理。

弄清各电动机的安装部位、作用、规格和型号。掌握各种电器的安装部位、作用，以及各操纵手柄、开关、控制按钮的功能和操纵方法。了解与机械、液压发生直接联系的各种电器，如行程开关、撞块、压力继电器、电磁离合器、电磁铁等的安装部位及作用。

分析电气控制系统时，要结合说明书或有关的技术资料将整个电气线路划分成几个部分逐一进行分析。例如，各电动机的启动、停止、变速、制动、保护及相互间的联锁等。

内容与目的：分析几种典型电气控制电路，进一步掌握控制电路的组成，典型环节的应用及分析控制电路的方法。找出规律,逐步提高阅读电气原理图的能力,为独立设计打下基础。

案例一:卧式车床的电气控制电路。

多采用不变速的异步电动机拖动,变速靠齿轮箱的有级调速来实现,控制电路比较简单。主轴正转或反转的旋转运动通过改变主轴电动机的转向或采用离合器实现。

进给运动:多数是把主轴运动分出一部分动力,通过挂轮箱传给进给箱来实现刀具的进给。为了提高效率,刀架的快速运动由一台进给电动机单独拖动。车床设有交流电动机拖动的冷却泵,实现刀具切削时冷却。有的还专设一台润滑泵对系统进行润滑。

主电动机直接启动和降压启动的选取考虑电动机的容量和电网的容量。不经常启动的电动机可直接启动的容量为变压器容量的 30%,经常启动的电动机可直接启动的容量一般小于变压器容量的 20%。主电动机的制动方式:电气方法实现的能耗制动和反接制动;机械的摩擦离合器制动。

CW616 卧式车床的电气控制电路,其中主电路如图 1-31 所示。

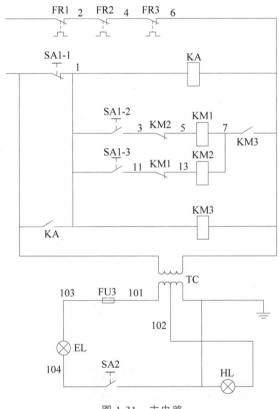

图 1-31　主电路

控制照明及指示电路如图 1-32 所示。

操纵手柄开关 SA1 扳回零位:SA1-2、SA1-3 断开,接触器 KM1 或 KM2 线圈断电,M1 电动机自由停车。

控制回路的电源:直接取交流 380V。

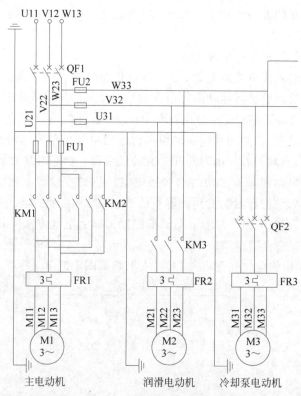

图 1-32　控制照明指示电路

M1—主电动机；M2—润滑泵电动机；M3—冷却泵电动机；QF1—断路器；FU1—熔断器；KM1、KM2—
交流接触器；FR1—热继电器；FU2—熔断器；KM3—交流接触器；FR2—热继电器；QF2—断路器；
FR3—热继电器。

操纵手柄开关 SA1：一对动断触点和两对动合触点。

开关 SA1 零位：SA1-1 接通，SA1-2、SA1-3 断开，中间继电器 KA 得电，KA 触点闭合自锁。接触器 KM3 得电，润滑泵电动机 M2 启动。KM3 触点(6-7)闭合，为主电动机启动做好准备。

操纵手柄开关 SA1 搬到向下位置：SA1-2 接通，SA1-1、SA1-3 断开，正转接触器 KM1 通过 V32-1-3-5-7-6-4-2-W33 得电，主电动机 M1 正转启动。操纵手柄开关 SA1 搬到向上位置：SA1-3 接通，SA1-1、SA1-2 断开，反转接触器 KM2 通过 V32-1-11-13-7-6-4-2-W33 通电吸合，主电动机 M1 反转启动。

SA1 机械联锁，KM1、KM2 互锁。操纵手柄开关 SA1 扳回零位：SA1-2，SA1-3 断开，接触器 KM1 或 KM2 线圈断电，M1 电动机自由停车。

反接制动：有经验的操作工人在停车时，将手柄瞬时扳向相反转向的位置，M1 电动机反接制动，主轴接近停止时，手柄迅速扳回零位。

零压、失压保护：M1 运行时，若电源电压降低或消失，则 KA 释放断开，KM3 释放断开，KM1 或 KM2 断电释放。电网电压恢复后，SA1 不在零位，KM3 不会得电，KM1 或 KM2 也不会得电。手柄回到零位，SA1-2，SA1-3 断开，KM1 或 KM2 也不会得电自启动。照明电源：TC 二次侧 36V。SA2：照明灯开关。电源指示灯 HL：TC 二次侧 6.3V。

C650 卧式车床的电气控制电路如图 1-33 所示，其中主电路如图 1-34 所示。

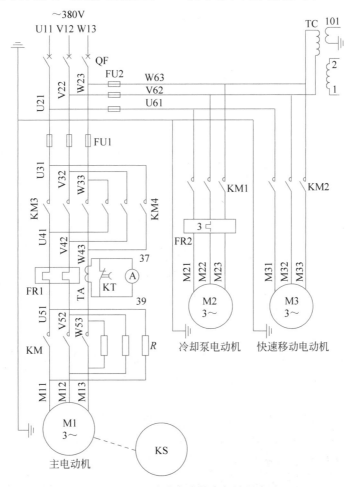

图 1-33　C650 卧式车床的电气控制电路

M1—主电动机；M2—冷却泵电动机；M3—快速移动电动机；QF—断路器；KM3、KM4—交流接触器；FR1—热继电器；FU1—熔断器；KM—交流接触器；R—限流电阻；KM1—交流接触器；FR2—热继电器；KM2—交流接触器；FU2—熔断器；TA—互感器；A—电流表。

1. 主电动机点动调整控制

KM3 为 M1 电动机的正转接触器，KM 为 M1 电动机的长动接触器，KA 为中间继电器。M1 电动机的点动由点动按钮 SB6 控制。按下按钮 SB6，接触器 KM3 得电吸合，它的主触点闭合，电动机的定子绕组经限流电阻 R 与电源接通，电动机在较低速度下启动。

2. 电动机正、反转控制

按下按钮 SB1 时，接触器 KM 首先得电动作，它的主触点闭合将限流电阻短接，接触器 KM 的辅助动合触点闭合使中间继电器 KA 得电，它的触点(13-7)闭合，使接触

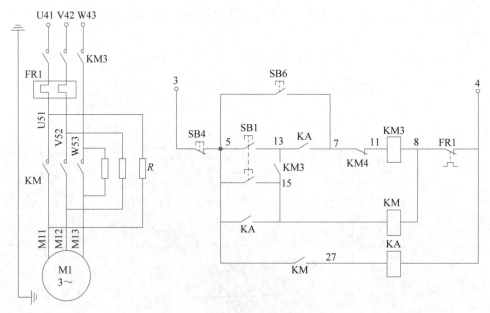

图 1-34 C650 卧式车床主电路

M1—主电动机；M2—冷却泵电动机；M3—快速移动电动机；QF—断路器；KM3、KM4—交流接触器；FR1—热继电器；FU1—熔断器；KM—交流接触器；R—限流电阻；KM1—交流接触器；FR2—热继电器；KM2—交流接触器；FU2—熔断器；TA—互感器；A—电流表。

KM3 得电吸合。KM3 的主触点将三相电源接通，电动机在额定电压下正转启动。KM3 的动合辅助触点(15-13)和 KA 的动合触点(5-15)的闭合将 KM3 线圈自锁。

图 1-35 为主电动机正、反转控制电路，反转启动时用反向启动按钮 SB2，按下 SB2，同样是接触器 KM 得电，然后接通接触器 KM4 和中间继电器 KA，于是电动机在满压下反转启动。KM3 的动断辅助触点(23-25)、KM4 的动断辅助触点(7-11)分别串在对方接触器线圈的回路中，起到了电动机正转与反转的电气互锁作用。

3. 主轴电动机反接制动控制

电动机正转时，速度继电器的正转动合触点 KS1 闭合；电动机反转时，速度继电器的反转动合触点 KS2 闭合。

当电动机正转时，接触器 KM3 和 KM，继电器 KA 都处于得电动作状态，速度继电器的正转动合触点 KS1(17-23)也是闭合的，这样就为电动机正转时的反接制动提前做好了准备。需要停车时，按下停止按钮 SB4，接触器 KM 失电，其主触点断开，电阻 R 串入主电路。与此同时 KM3 也失电，断开了电动机的电源，同时 KA 失电，KA 的动断触点闭合。在松开 SB4 后就使反转接触器 KM4 的线圈通过 1-3-5-17-23-25 电路得电，电动机的电源反接，电动机处于反接制动状态。当电动机的转速下降到速度继电器的复位转速时，速度继电器 KS 的正转动合触点 KS1(17-23)断开，切断了接触器 KM4 的通电回路，电动机脱离电源停止。

当电动机反转时，速度继电器的反转动合触点 KS2 是闭合的，这时按一下停止按钮 SB4，在 SB4 松开后正转接触器线圈通过 1-3-5-17-7-11 电路得电，正转接触器 KM3 吸合

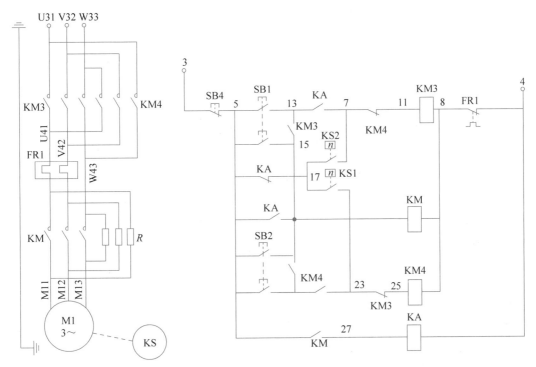

图 1-35 主电动机正、反转控制电路

将电源反接使电动机制动后停止。

案例二：组合机床电气控制电路。

组合机床是对某特定工件进行特定加工的一种高效自动化专用加工设备，能同时用十几把甚至几十把刀具进行加工。组合机床由通用部件和一些专用部件组成，其基本电路可根据通用部件的控制电路综合组成。控制系统大多采用机械、液压、电气相结合的控制方式。

DU 型组合机床由液压动力头和液压回转工作台组成，用于加工某轮毂工件上 12 个孔。

立式动力头如图 1-36 所示，其上装有 36 把刀具，共有 4 个工位，第一、二、三工位分别是钻孔、扩孔和铰孔的工序，第四工位装卸工件用。

自动工作循环为回转台抬起→回转台回转→回转台反靠→回转台夹紧→动力头快进→动力头工进→延时停留→动力头快退。

组合机床主路如图 1-37 所示，M1 为主电动机，M2 为液压泵电动机，M3 为冷却泵电动机，M1 和 M2 是由接触器 KM1 和 KM2 控制的。由按钮 SB1 及 SB2 控制启停。开关 SA3 和 SA4 用于单独启动主电动机 M1 和液压泵电动机 M2。旋钮开关 S 打开时，冷却泵电动机 M3 由继电器 K2 控制启停，动力头工进时，冷却泵才接通，S 闭合时，冷却泵还可由按钮 SB3 进行启动。

除接触器 KM1、KM2 和 KM3 为交流电器外，其他均为直流电器，由 VC 整流后得到 24V 电压供电。采用低压直流电器工作平稳安全、便于操作。电源接通后，指示灯 HL

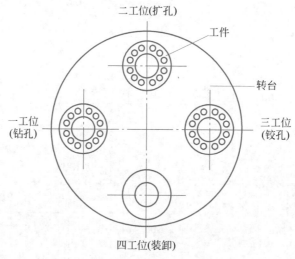

图 1-36 立式动力头

接通,直到液压泵电动机 M2 启动后,由于接触器 KM2 通电动作,指示灯才熄灭。

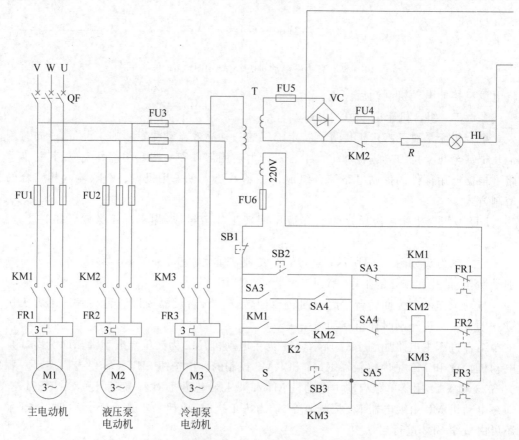

图 1-37 组合机床主电路

回转台主电路如图 1-38 所示,当自锁销脱开及回转台抬起时,按回转按钮 SB4,电磁铁 YA5 通电(动力头在原位时,限位开关 SQ1 被压动,回转台才能转位)。将电磁阀 YV1 的阀杆推向右端,液压泵的压力油送到夹紧液压缸 1G,使其活塞上移抬起回转台。同时经过阀 YV1 的压力油送到自锁液压缸 2G,活塞下移使自锁销脱开。

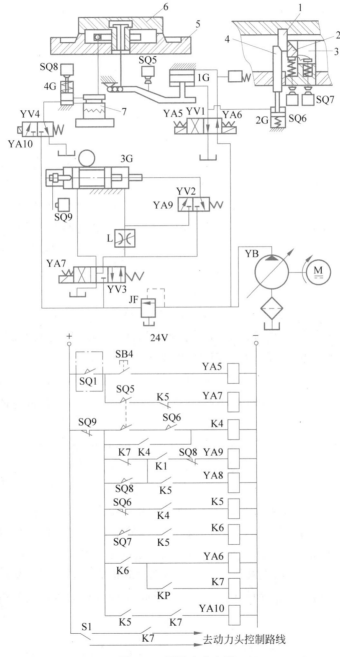

图 1-38 回转台主电路

1—定位块;2—滑块;3—固定挡铁;4—自锁销;5—底座;6—回转工作台;7—离合器。

回转台回转及缓冲：回转台抬起后，压动开关 SQ5，YA7 通电，电磁阀 YV3 的阀杆被推向右端，压力油送到回转液压缸 3G 的左腔，右腔排出的油经过阀 YV2 和 YV3 流回油箱，活塞右移，经活塞中部的齿条带动齿轮，使回转台回转。当转到接近定位点时，转台定位块 1 将滑块 2 压下，从而压动了 SQ6，其动合触点闭合，由于 SQ5 动合触点已闭合，所以继电器 K4 得电动作并自锁，其一动合触点使 YA9 通电，使液压缸 3G 的回油只能经节流阀 L 流回油箱，回转台低速回转。

回转台反靠：回转台的继续回转，使定位块 1 离开滑块 2，因此限位开关 SQ6 恢复原位，其动断触点恢复闭合，使 K5 得电动作。K5 动断触点打开使 YA7 断电；同时由 K5 动合触点使 YA8 通电，YA8 通电使 YV3 的阀杆左移。压力油经 YV3 和节流阀 L 送至回转液压缸 3G 的右腔，使回转台低速（因 YA9 已通电）反靠。这时定位块的右端面将通过滑块靠紧在挡铁的左端面上，达到准确定位。

回转台夹紧：反向靠紧后，通过杠杆作用，压动限位开关 SQ7，使 K6 通电动作，YA6 通电，使 YV1 阀杆向左移，于是夹紧液压缸 1G 将回转台向下压紧在底座上。同时锁紧液压缸 2G 因已接至回油路，所以自锁销 4 被弹簧顶起，使定位块 1 锁紧。当转台夹紧后，夹紧力达到一定数值，夹紧液压缸的进油压力使压力继电器 KP 动作，K7 通电动作，使 YA8、YA9 断电，阀 YV3 回到中间位置，这时 3G 的左、右油腔都接至回油路，使回转液压缸卸压。K7 的动合触点使 YA10 通电，使 YV4 阀杆右移，通过液压缸 4G 使离合器 7 脱开。

离合器脱开后的状态：液压缸 4G 的活塞杆压动限位开关 SQ8，使 YA9 断电，YA8 通电，使阀 YV3 阀杆左移，将使回转液压缸活塞退回原位。活塞退回原位后，由于杠杆作用压动限位开关 SQ9，其动断触点断开，即动作的电器均被断电。这样 YA10 断电使离合器重新接合，以备下次转位循环。这样液压系统和控制电路都恢复到原始状态。回转台夹紧后，压力继电器 KP 动作，使 K7 得电动作，K7 还有一动合触点闭合，可接通动力的工作循环。

液压动力头控制电路：控制电路中右侧下半部（开关 S1、S2 下侧），图 1-39 为液压动力头控制电路，可以完成快进→工进→延时停留→快退的工作循环。

C_1 是用来保护 SQ9 的触点。电器上的电磁铁要有足够的吸力，工作才安全可靠。这就需要有足够的磁势，既要有足够大的电流，匝数也要多。因此，电磁铁的线圈具有较大的电感。当触点由闭合转为断开时，电磁铁线圈的电流迅速变化，因而将产生很大的感应电动势，触点在分断时将产生很强的电弧，使触点易被电弧烧蚀，缩短使用寿命。因此，为了保护触点不被烧蚀，在被保护的触点两端并联电容。当触点两端电动势增加时，由于电容的充电作用，使触点两端电压大大降低，电容的这种吸收作用使电弧很快熄灭，防止触点烧蚀。

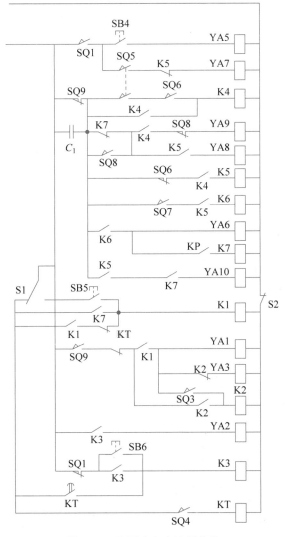

图 1-39　液压动力头控制电路

习题

　　1. 试分别说明连锁和互锁的含义,并画出相应的示意图。

　　2. 在电动机的控制回路中,主回路装有熔断器,为什么还要装设热继电器? 它们有什么区别?

　　3. 三相交流电动机反接制动和能耗制动各有何特点? 分别适用于什么情况?

　　4. 中间继电器和接触器有何区别? 在什么条件下可用中间继电器代替接触器?

　　5. 绘制电气原理图的基本规则有哪些?

6. 某机床主轴工作和润滑泵各由一台电动机控制,要求主轴电动机必须在润滑泵电动机运行后才能运行,主轴电动机能正、反转,并能单独停机,有短路、过载保护,设计主电路和控制电路。

7. 设计两台三相异步电动机 M1、M2 的主电路和控制电路,要求 M1、M2 可分别启动和停止,也可实现同时启动和停止,并具有短路、过载保护。

第 2 章

PLC基础

2.1 概述

1985 年,国际电工委员会(IEC)对 PLC 做出如下定义:PLC 是一种数字运算操作的电子系统,专为在工业环境应用而设计;它采用一类可编程的存储器,用于其内部存储程序,执行逻辑运算、顺序控制、定时、计数与算术运算等操作指令,并通过数字式和模拟式的输入与输出控制各种类型的机械或生产过程。可编程控制器及其有关外围设备的设计,都要按照"易于与工业控制系统联成一个整体,易于扩充功能的原则"进行"。

2.1.1 PLC 的发展历史

20 世纪 60 年代,汽车生产线的自动控制系统基本上由继电器控制装置构成。当时汽车的每次改型都直接导致继电器控制装置的重新设计和安装。美国福特公司汽车创始人亨利·福特曾说过:"不管顾客需要什么样的汽车,我们只生产黑色的汽车。"从侧面反映了汽车改型升级换代比较困难。随着生产的发展,汽车型号更新的周期变短,因而继电器控制装置就需要经常地重新设计和安装,这不仅费时、费工、费料,甚至阻碍了更新周期的缩短。为了改变这一现状,美国通用汽车公司在 1969 年公开招标,希望用新的控制装置来取代继电器控制装置,并提出了以下 10 项招标指标。

(1) 编程方便,现场可修改程序。

(2) 维修方便,采用模块化结构。

(3) 可靠性高于继电器控制装置。

(4) 体积小于继电器控制装置。

(5) 数据可直接送入起管理作用的(上位)计算机。

(6) 成本可与继电器控制装置竞争。

(7) 输入可以是交流 115V(注:中国是 AC220V)。

(8) 输出为交流 115V、2A 以上,能直接驱动电磁阀、接触器等。

(9) 在扩展时,原系统只需要进行很小的变更。

(10) 用户程序存储器容量至少能扩展到 4KB。

1969 年,美国数字设备公司(DEC)研制出第一台 PLC,并在美国通用汽车自动装配线上试用,获得了成功。这种新型的工控装置具有体积小、可变性好、可靠性高、使用寿命长、简单易懂、操作维护方便等一系列优点,很快在美国的许多行业得到推广应用。到1971 年,已经成功地应用于食品、饮料、冶金、造纸等行业。

这一新型的工控装置的出现受到世界上许多国家的高度重视。1971 年,日本从美国引进了这项新技术,很快研制出第 1 台 PLC。1973 年,西欧国家也研制出第 1 台 PLC。我国从 1974 年开始研制 PLC,到 1977 年开始应用于工控领域。

早期的 PLC 基本上是(硬)继电器控制装置的替代物,主要用于实现原先由继电器完成的顺序控制、定时、计数等功能。它在硬件上以"准计算机"的形式出现,在 I/O 接口电路上做了改进以适应工控现场要求。装置中的器件主要采用分立元件和中小规模集成电路,并采用磁芯存储器。另外,还采取了一些措施,以提高抗干扰能力。在软件编程上,采用类似于电气工程师所熟悉的继电器控制线路的方式——梯形图(Ladder Diagram,LAD)语言。因此,早期的 PLC 的性能优于继电器控制装置,其优点是简单易懂、便于安装、体积小、能耗低、有故障显示、能重复使用等。其中 PLC 特有的编程语言——梯形图语言一直沿用至今。

20 世纪 70 年代,微处理器的出现使 PLC 发生了巨变。美国、日本、德国等国家的一些厂家开始采用微处理器作为 PLC 的中央处理单元(CPU),这样使 PLC 的功能大大增强。在软件方面,除了保持原有的逻辑运算、计时、计数等功能以外,还增加了算术运算、数据处理、网络通信、自诊断等功能。在硬件方面,除了保持原有的开关模块以外,还增加了模拟量模块、远程 I/O 模块、各种特殊功能模块,并扩大了存储器的容量,而且提供一定数量的数据寄存器。

20 世纪 80 年,由于超大规模集成电路技术的迅速发展,微处理器价格大幅度降低,使得各种类型的 PLC 采用的微处理器档次普遍提高。早期的 PLC 一般采用 8 位的 CPU,现在的 PLC 一般采用 16 位或 32 位的 CPU。另外,为了进一步提高 PLC 的处理速度,各生产厂商还纷纷研制开发出专用的逻辑处理芯片,使得 PLC 的软、硬件功能有了巨变。

目前,世界上约有 200 家 PLC 生产厂商,美国的 Rockwell、GE,德国的西门子(Siemens),法国的施耐德(Schneider),日本的三菱(Mitsubishi)、欧姆龙(Omron),掌控全世界 80% 以上的 PLC 市场份额,它们的系列产品从只有几十个点(I/O 总点数)的微型 PLC 到有上万个点的巨型 PLC。

经过多年的发展,国内 PLC 生产厂家约有 30 家,尚未形成颇具规模的生产能力,PLC 应用市场仍然以国外产品为主,如西门子公司的 S7-200 小系列、S7-300 中系列、S7-400 大系列,三菱公司的 FX 小系列及 Q 中、大系列,欧姆龙公司的 CPM 小系列、C200H 中、大系列等。

值得一提的是湖北黄石的科威自控公司的创新产品嵌入式 PLC。小系统用户希望在数据处理上像 DCS、可靠性上像 PLC、价格上像单片机嵌入系统,嵌入式 PLC 正好满足用户的这些愿望。嵌入式 PLC 是指将支持 PLC(梯形图)编程语言的内核 EasyCore 以小板芯的形式嵌入特定的控制装置中,使该装置除具有自身的专用功能,还具有 PLC 的基本功能,开发人员能够在该 PLC 编程语言平台上,轻易地设计出通用型 PLC、客户型 PLC 以及各种特型控制板。嵌入式 PLC 是科威自控公司立足原有的自动化仪表技术、现场总线技术和 10 多年的自动化工程项目经验,在华中科技大学、武汉理工大学的协作下,经过 3 年多的努力攻关,首创成功的。由于嵌入式 PLC 的社会经济价值高,2005 年被列为国家攻关计划。迄今为止,科威自控公司的嵌入式 PLC 产品通用型 PLC、(按照客户要求定制的)客户型 PLC、特型控制板,已在纺织机械、工业窑炉、塑料机械、印刷包装机械、食品机械、数控机床、恒压供水设备、环保设备等行业中成功应用,并且在窑炉自动化系统的应用中具有明显的技术优势。

长期以来,PLC 始终是工业自动化的主角,并且与集散控制系统(DCS)及工控机(IPC)形成三足鼎立之势。同时,PLC 也承受着来自其他技术产品的冲击,尤其是 IPC 所带来的冲击。微型化、网络化、IPC化、开放性是PLC未来发展的主要方向,PLC依然前途无限。

2.1.2 PLC的主要特点

PLC之所以能高速发展,广泛应用,除了工业自动化的客观要求,还有许多适合工业控制的独特优点,如可靠、安全、稳定、灵活、方便、经济等,较好地解决工业控制领域普遍关心的问题。

1. 抗干扰能力强,可靠性高

微机功能强大但抗干扰能力差,工业现场的电磁干扰、电源波动、机械振动、温度和湿度的变化,都可能导致一般通用微机不能正常工作;传统的继电器-接触器控制系统抗干扰能力强,但由于存在大量的机械触点(易磨损、烧蚀)而寿命短,系统可靠性差。PLC采用现代大规模集成电路技术,严格的生产工艺制造,内部电路采取了先进的抗干扰技术,具有很高的可靠性。PLC采用微电子技术,大量的开关动作由无触点的电子存储器件来完成,大部分继电器和繁杂连线被软件程序取代,故寿命长,可靠性大大提高,从实际使用情况来看,PLC控制系统的平均无故障时间一般可达4万~5万小时。PLC采取了一系列硬件和软件抗干扰措施,能适应有各种强烈干扰的工业现场,并具有故障自诊断能力。如PLC一般能抗1000V、1ms脉冲的干扰,其工作环境温度为0~60℃,不需要强迫风冷。

使用PLC构成控制系统,和同等规模的继电器-接触器控制系统相比,电气接线及开关接点已减少到数百甚至数千分之一,故障率就大大降低。此外,PLC带有硬件故障自我检测功能,出现故障时可及时发出警报信息。在应用软件中,应用者还可以编入外围器件的故障自诊断程序,使系统中除PLC以外的电路及设备也获得故障自诊断保护,整个系统的可靠性极高。

2. 配套齐全,功能完善,适用性强

PLC发展到目前已经形成各种规模的系列化产品,可以用于各种规模的工业控制场合。除了逻辑处理功能,PLC大多具有完善的数据运算能力,可用于各种数字控制领域。多种多样的功能单元大量涌现,使PLC应用于位置控制、温度控制、计算机数字控制(CNC)等工业控制中。加上PLC通信能力的增强及人机界面技术的发展,使用PLC组成各种控制系统变得非常容易。

3. 采用模块化结构,体积小,重量轻

为了适应工业控制要求,除了整体式PLC外,大多数PLC采用模块化结构。PLC的各个组成模块,包括CPU、电源、I/O模块、通信模块都采用模块化设计;此外,PLC相较于工控机体积小,重量轻。

4. 系统设计的工作量小,维护方便,容易改造

1) 设计与维护

PLC用存储逻辑代替接线逻辑,大大减少了控制设备外部的接线,使控制系统设计及建造的周期大为缩短,同时日常维护也变得容易,更重要的是使同一设备经过改变程序而改变生产过程成为可能,特别适合多品种、小批量的生产场合。

2) 安装与布线

动力线、控制线以及 PLC 的电源线和 I/O 线应分别配线,隔离变压器与 PLC 和 I/O 之间应采用双绞线连接。将 PLC 的 I/O 线和大功率线分开走线,如必须在同一线槽内,则分开捆扎交流线、直流线,若条件允许,则分槽走线最好,这不仅能使其有尽可能大的空间距离,并能将干扰降到最低限度。

PLC 应远离强干扰源,如电焊机、大功率硅整流装置和大型动力设备,不能与高压电器安装在同一个开关柜内。在柜内 PLC 应远离动力线(二者之间距离应大于 200mm)。与 PLC 装在同一个柜子内的电感性负载,如功率较大的继电器、接触器的线圈,应并联 RC 消弧电路。

PLC 的输入与输出最好采用分开走线,开关量与模拟量也要分开敷设。模拟量信号的传送应采用屏蔽线,屏蔽层应一端或两端接地,接地电阻交流输出线和直流输出线不要用同一根电缆,输出线应尽量远离高压线和动力线,避免并行。

5. 易学易用

PLC 是面向工矿企业的工控设备,PLC 的生产厂家充分考虑到现场技术人员的技能和习惯,采用易被工程技术人员接受的编程语言。梯形图语言的图形符号与表达方式和继电器电路图接近,为不熟悉电子电路、不懂计算机原理和汇编语言的人从事工业控制打开了方便之门。

2.1.3 PLC 的应用范围

目前,PLC 在国内外已广泛应用于钢铁、石油、化工、电力、建材、机械制造、汽车、轻纺、交通运输、环保及文化娱乐等各个行业,使用情况主要分为如下几类。

1. 开关量逻辑控制

取代传统的继电器电路,实现逻辑控制、顺序控制,既可用于单台设备的控制,也可用于多机群控及自动化流水线,如注塑机、印刷机、订书机械、组合机床、磨床、包装生产线、电镀流水线等。

2. 工业过程控制

在工业生产过程中,存在温度、压力、流量、液位和速度等连续变化的量(模拟量),PLC 采用相应的模/数(A/D)和数/模(D/A)转换模块及各种控制算法程序来处理模拟量,完成闭环控制。PID 调节是一般闭环控制系统中用得较多的一种调节方法。过程控制在冶金、化工、热处理、锅炉控制等场合有非常广泛的应用。

3. 运动控制

PLC 可以用于圆周运动或直线运动的控制。一般使用专用的运动控制模块,如可驱动步进电动机或伺服电动机的单轴或多轴位置控制模块,广泛用于各种机械、机床、机器人、电梯等场合。

4．数据处理

PLC具有数学运算（含矩阵运算、函数运算、逻辑运算）、数据传送、数据转换、排序、查表、位操作等功能，可以完成数据的采集、分析及处理。数据处理一般用于造纸、冶金、食品工业中的一些大型控制系统。

5．通信及联网

PLC通信含PLC间的通信及PLC与其他智能设备间的通信。随着工厂自动化网络的发展，现在的PLC都具有通信接口，通信非常方便。

2.1.4 PLC的分类与性能指标

1．PLC的分类

按PLC的结构形式分为两类：一类是整体式（单元式），其特点是电源、中央处理器单元和I/O接口都集成在一个机壳内；另一类是模块式（组合式），其特点是电源模板、中央处理器单元模板和I/O模板等结构上是相互独立的，可以根据用户需求进行配置，选择合理的模块，安装在固定的机架或导轨上，构成一个完整的PLC应用系统。

按I/O点数分为小型PLC、中型PLC和大型PLC。其中，小型PLC的I/O点数一般在128点以下；中型PLC一般采用模块化结构，其I/O点数一般为256～1024点；大型PLC的I/O点数一般在1024点以上。

2．PLC的性能指标

（1）I/O点数：输入/输出端子总数，可以接收的输入与输出信号总数。必须根据控制对象信号数量选择合适的PLC型号。

（2）存储容量：PLC中用户存储器的容量，以能存储用户程序的多少来衡量，PLC程序按步存放，一步为一个字的地址单元。

（3）扫描速度：PLC执行一步指令需要的时间（μs/步）。

（4）指令系统：PLC中指令多，功能强，PLC控制能力和处理问题的能力就越强，用户编程也会越简单。

（5）内部寄存器：主要指PLC编程软元件，种类、数量多，PLC存储和处理信息的能力强。

（6）功能模块：实现特殊专门的功能，其配置情况反映了PLC功能的强弱，衡量PLC档次的重要标志。

（7）可扩展能力：包括I/O点数的扩展、存储容量的扩展、功能模块的扩展、联网功能的扩展。

2.1.5 PLC与继电器控制系统、工控机控制系统的比较

1．PLC与继电器控制系统之间的区别

PLC的梯形图与传统的电气原理图非常相似，信号的输入/输出形式及控制功能基本上也是相同的。它们的不同之处主要表现在以下方面。

（1）控制逻辑：继电器控制逻辑采用硬接线逻辑，利用继电器机械触点的串联或并

联,及时间继电器等组合成控制逻辑,其接线多而复杂、体积大、功耗大、故障率高,灵活性和扩展性很差。PLC 采用存储器逻辑,其控制逻辑以程序方式存储在内存中,灵活性和扩展性都很好。

(2) 工作方式:继电器控制线路中各继电器同时处于受控状态,属于并行工作方式。而 PLC 的控制逻辑中,各内部器件处于周期性循环扫描过程中,逻辑、数值输出的结果都是按照在程序中的前后顺序计算得出的,所以属于串行工作方式。

(3) 可靠性和可维护性:继电器控制逻辑使用了大量的机械触点,连线也多,可靠性和可维护性差。PLC 采用微电子技术,大量的开关动作由无触点的半导体电路完成,PLC 还配有自检和监督功能,可靠性和可维护性好。

(4) 控制速度:继电器控制逻辑依靠触点的机械动作实现控制,工作频率低,且机械触点还会出现抖动问题。PLC 是由程序指令控制半导体电路来实现控制,属于无触点控制,速度极快,且不会出现抖动。

(5) 定时控制:继电器控制逻辑利用时间继电器进行时间控制。时间继电器存在定时精度不高,定时范围窄,且易受环境湿度和温度变化的影响,调整时间困难等问题。PLC 使用半导体集成电路做定时器时基脉冲由晶振产生,精度相当高,且定时时间不受环境的影响,定时范围广,调整时间方便。

(6) 设计和施工:使用继电器控制逻辑完成一项工程,其设计、施工、调试必须依次进行,周期长且修改困难。用 PLC 完成一项控制工程,在系统设计完成后,现场施工和控制逻辑的设计可以同时进行,周期短,且调试和修改都很方便。

2. PLC 与工控机控制系统的区别

(1) 硬件结构:工控机与 PLC 均由中央处理器 CPU、存储器、输入/输出设备等组成,PLC 是一种专用的计算器,但它与工控机有着不同的总线体系结构。

(2) 性价比:工控机与 PLC 均具有高性能、高集成化、模块化及大批量生产和广泛应用等特点。当设计的控制系统中没有较复杂的数据处理、图形显示或运动轨迹等要求时,选用 PLC 可以获得较好的性价比。普通弯管机一般选用一体式 PLC 即可满足要求。其控制成本也比较低,反之则只能选用工控机+板卡或工控机+PLC 构成的控制系统。

(3) 外设配置:工控机较 PLC 具有更丰富的外部设备,如显示器、驱动器、打印机、网络接口卡等且均为标准部件,不同的厂商产生的外设只要配上相应的驱动的软件就可以相互通用。PLC 的外设种类较少,而且专用性较强,不同品牌的外设不可通用。

(4) 人机界面工具:触摸式工业显示器是一种连接人类和 PLC 的工具,可用于参数设置,数据显示,以曲线、动画等形式描绘自动化控制过程,并可简化 PLC 的程序,与传统的模拟仪表、按钮操作台相比,其体积小且简化控制连线。

(5) 编程工具。对于工控机,可以采用 C 语言等高级语言编程,使编写的应用程序便于模块化,运行逻辑性强,但软件编制时间长,调试辅助、软件编程人员需要有较高的软硬件知识。PLC 则采用梯形图,软、硬件开发周期短,易维护和故障诊断。

2.1.6　PLC的发展趋势及国内外主要产品

1. PLC的发展趋势

（1）网络化：主要是朝DCS方向发展，使其具有DCS系统的一些功能。

（2）多功能：多种智能模块，主要有模拟量I/O、PID回路控制、通信控制、机械运动控制（如轴定位、步进电动机控制）、高速计数等。

（3）高可靠性：高可靠性的冗余系统，并采用热备用或并行工作。

（4）兼容性：现代PLC已经不再是单个的、独立的控制装置，而是整个控制系统中的一部分或一个环节。

（5）小型化简单易用：小型PLC由整体结构向小型模块化发展，增加了配置的灵活性。

（6）编程语言向高层次发展。

2. 十大PLC品牌

国外有（日本）三菱PLC、（德国）西门子PLC、（日本）欧姆龙PLC、（美国）AB罗克韦尔PLC、（日本）基恩士PLC、（法国）施耐德PLC、（瑞士）ABB PLC、（德国）菲尼克斯PLC、（韩国）LS产电PLC、（日本）IDEC和泉PLC。

国内有台达PLC、信捷PLC、汇川PLC、和利时PLC、英威腾PLC、伟创PLC、黄石科威PLC、南大傲拓PLC、丰炜PLC和禾川PLC。

2.2　PLC的结构和工作原理

2.2.1　PLC的硬件结构

可编程控制器种类繁多，但基本结构和工作原理相同。可编程控制器的基本结构主要由中央处理器、存储器（RAM、ROM）和输入/输出接口（I/O单元接口）电源及外围编程设备等部分构成。其硬件结构框如图2-1所示。

1. 中央处理器

在系统程序的控制下，诊断电源、PLC内部电路工作状态；接收、诊断并存储从编程器输入的用户程序和数据；用扫描方式接收现场输入装置的状态或数据，并存入输入映像寄存器或数据寄存器。

在PLC进入运行状态后，从存储器中逐条读取用户程序；按指令规定的任务，产生相应的控制信号，去启闭有关控制门电路，分时分渠道地去执行数据的存取、传送、组合、比较和变换等动作；完成用户程序中规定的逻辑或算术运算等任务。

根据运算结果更新有关标志位的状态和输出映像寄存器的内容，实现输出控制、制表、打印或数据通信等。

2. 存储器

存储器用于存放系统程序、用户程序及运算数据的单元。它可分为以下两种类型。

（1）只读存储器（ROM）：用来存放系统工作程序、模块化应用功能子程序、命令解

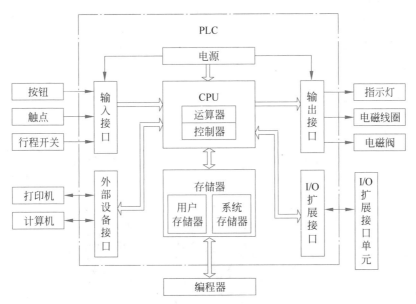

图 2-1　PLC 硬件结构框图

释、功能子程序的调用管理程序以及按对应定义存储各种系统参数(I/O、内部继电器、计时/计数器、数据寄存器等)等功能。只读存储器又分为掩膜只读存储器和电可擦除只读存储器。

（2）随机读写存储器(RAM)：用来存放用户程序及系统运行中产生的临时数据。特点是写入与擦除都很容易,但在掉电情况下存储的数据就会丢失。

3．输入/输出接口

输入/输出接口是 PLC 和工业控制现场各类信号连接的部分。不同的接口需求设计了不同的接口单元,主要有以下几种：

（1）开关量输入接口：把现场的开关量信号变成 PLC 内部处理的标准信号。接口接收的外信号电源有直流输入、交流输入和交流/直流输入。PLC 开关量输入接口如图 2-2 所示。

输入接口中都有滤波电路及耦合隔离电路,滤波有抗干扰的作用,耦合有抗干扰及产生标准信号的作用。

（2）输出接口电路：采用光电耦合电路,将 CPU 处理过的信号转换成现场需要的强电信号输出,以驱动接触器、电磁阀等外部设备的通断电。三种类型的输出接口如图 2-3 所示。

图 2-3(a)为继电器输出型,是有触点输出方式,用于接通或断开开关频率较低的直流负载或交流负载回路。图 2-3(b)为晶体管输出型,是无触点输出方式,用于接通或断开开关频率较高的交流电源负载。图 2-3(c)为晶闸管输出型,是无触点输出方式,用于接通或断开开关频率较高的直流电源负载。负载采用的直流电源小于 30V 时,为了缩短响应时间,可用并接续流二极管的方法改善响应时间。

注意事项如下：

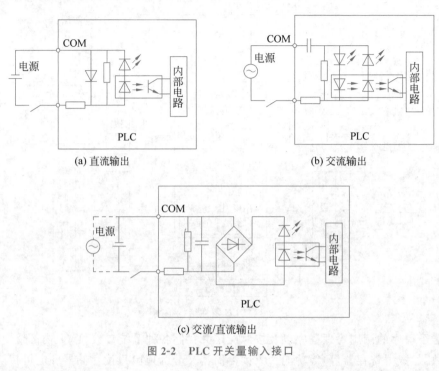

(a) 直流输出   (b) 交流输出

(c) 交流/直流输出

图 2-2   PLC 开关量输入接口

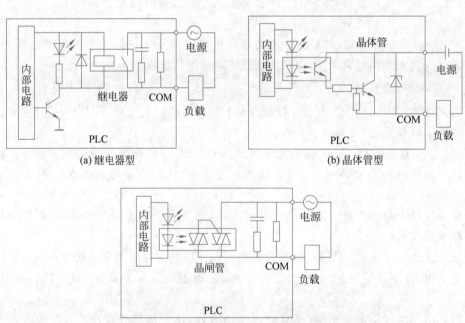

(a) 继电器型   (b) 晶体管型

(c) 晶闸管型

图 2-3   三种类型的输出接口

（1）PLC 输出接口是成组的，每一组有一个 COM 口，只能使用同一种电源电压。

（2）PLC 输出负载能力有限，具体参数阅读相关资料。

（3）对于电感性负载应加阻容保护。

4．电源

PLC 的电源是指将外部输入的交流电处理后转换成满足 PLC 的 CPU、存储器、输入/输出接口等内部电路工作需要的直流电源电路或电源模块。许多 PLC 的直流电源采用直流开关稳压电源，不仅可提供多路独立的电压供内部电路使用，而且可为输入设备提供标准电源。另外，PLC 内部有为掉电保护电路供电的后备电源。

5．手持编程器

手持编程器采用助记符语言编程，具有编辑、检索、修改程序、进行系统设置、内存监控等功能。可一机多用，具有使用方便、价格低廉的优点。缺点是不够直观，可通过 PLC 的 RS-232 外设通信口（或 RS-422 口配以适配器）与计算机联机，利用专用工具软件（NPST-GR、FPSOFT、FPWIN-GR）对 PLC 进行编程和监控。利用计算机进行编程和监控比手持编程工具更加直观和方便。

6．其他外围设备。

（1）盒式磁带机：用以记录程序或信息。

（2）打印机：用以打印程序或制表。

（3）EPROM 写入器：用以将程序写入用户 EPROM 中。

（4）高分辨率大屏幕彩色图形监控系统：用以显示或监视有关部分的运行状态。

（5）I/O 扩展接口：当主机单元的 I/O 点数不能满足需要时，可通过此接口用扁平电缆线将 I/O 扩展单元与主机相连，以增加 I/O 点数。PLC 的最大扩展能力主要受 CPU 寻址能力和主机驱动能力的限制。

7．FX 系列 PLC 的面板

图 2-4 是 FX 系列 PLC 型号代表含义。

（1）系列序号：0、2、0N、2C、2N、3U、5U，即 FX0、FX2、FX0N、FX2C、FX2N、FX3U、FX5U。

（2）I/O 总点数：16～256 点。

（3）单元类型：M——基本单元；E——输入/输出混合扩展单元及扩展模块；EX——输入专用扩展模块；EY——输出专用扩展模块。

图 2-4　FX 系列 PLC 型号

（4）输出形式：R——继电器输出；T——晶体管输出；S——晶闸管输出。

（5）特殊品种区别：D——DC 电源，DC 输入；A1——AC 电源，AC 输入；H——大电流输出扩展模块（1A/1 点）；V——立式端子排的扩展模块；C——接插口输入/输出方式；F——输入滤波器 1ms 的扩展模块；L——TTL 输入型扩展模块；S——独立端子（无公共端）扩展模块。

8．PLC 的状态指示灯

图 2-5 是 PLC 的状态指示灯，表 2-1 列出 PLC 指示灯状态与当前运行状态。

图 2-5　PLC 的状态指示灯

表 2-1　PLC 指示灯状态与当前运行状态

指示灯	指示灯的状态与当前运行的状态
POWER 电源指示灯（绿灯）	PLC 接通 220V 交流电源后，该灯亮，正常时仅有该灯亮表示 PLC 处于编辑状态
RUN 运行指示灯（绿灯）	当 PLC 处于正常运行状态时，该灯亮
BATT.V 内部锂电池电压低指示灯（红灯）	该指示灯亮，说明锂电池电压不足，应更换
PROG-E（CPU-E）程序出错指示灯（红灯）	该指示灯闪烁，说明出现以下类型的错误：程序语法错误；锂电池电压不足；定时器或计数器未设置常数；干扰信号使程序出错；程序执行时间超出允许时间，此灯连续闪烁

2.2.2　PLC 的工作原理

　　PLC 是一种存储程序控制器。用户根据控制要求，编写好程序，通过编程器将程序输入 PLC，或者通过计算机连接 USB 转串口的方式输入 PLC。注意，下载过程中必须使程序通信端口和计算机端口一致。PLC 的工作方式有分时操作和循环扫描。PLC 大多采用成批输入/输出的周期扫描方式工作，按用户程序的先后次序逐条运行。一个完整的周期可分为以下阶段。

　　（1）输入扫描阶段。程序开始时，监控程序使机器以扫描方式逐个输入所有输入端口上的信号，并依次存入对应的输入映像寄存器，这个过程称为输入扫描。PLC 在运行程序时，所需的输入信号不是当前输入端子的信号，而是取映像寄存器中的数据。PLC 的扫描速度很快，扫描速度取决于 CPU 时钟速度。

　　（2）程序处理阶段。所有的输入端口采样结束后，即开始进行逻辑运算处理，根据用户输入的控制程序，从第一条开始逐条执行，并将相应的逻辑运行结果存入对应的中间元件和输出元件映像寄存器。

　　（3）输出处理阶段。当最后一条控制程序执行完毕后，即转入输出刷新处理。

　　一个扫描周期的流程如图 2-6 所示。

　　一般地，PLC 的一个扫描周期约为 10ms，另外，PLC 的输入/输出还有响应滞后（输入滤波滞后约 10ms）；继电器机械滞后约 10ms，所以，一个信号从输入到实际输出有 20～30ms 的滞后。输入信号的有效宽度应大于 1 个周期＋10ms。

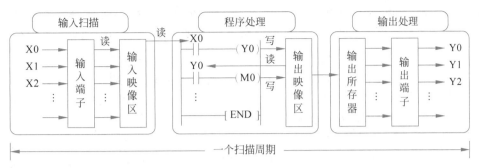

图 2-6 一个扫描周期的流程

2.3 PLC 的软元件

PLC 是在继电器控制线路的基础上发展而来,继电器控制器线路上有时间继电器、中间继电器等,而 PLC 内部也有类似功能的器件,而这些器件通常以软件形式存在,故称为软元件。PLC 的软元件较多,主要有输入继电器、输出继电器、辅助继电器、定时器、计数器、状态继电器、变址寄存器等。三菱系列的 PLC 有很多的子系列,子系列档次越高,其支持指令和软元件数量越多。

2.3.1 输入继电器和输出继电器

1. 输入继电器

输入继电器(X)主要用于接收 PLC 输入端子送入的外部信号,它与 PLC 输入端子有关。输入继电器按八进制编号(地址号)如 X0～X7,X10～X17 等。各点输入继电器都有任意对动合触点和动断触点供 PLC 内部编程用,当输入端子外接开关闭合时,PLC 内部相同编号的输入继电器状态变为 ON,程序中相同编号的所有动合触点闭合,动断触点断开,如图 2-7 所示。

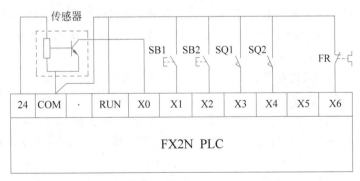

图 2-7 FX2N PLC 输入继电器示意图

2. 输出继电器

输出继电器(Y,常称为输出线圈)用于将 PLC 内部开关信号送出。它与 PLC 输出端子关联。输出继电器按八进制编号（地址号）如 Y0～Y7，Y10～Y17 等。一个输出继电器只有一个与输出端子关联的硬件动合触点（又称物理节点），但在编程时可以使用任意数量编号相同的软件动合触点和动断触点。

如图 2-8 所示，输出公共端的类型是若干输出端子构成一组，共用一个输出公共端，各组的输出公共端用 COM1、COM2、…表示，各组公共端之间相互独立，可使用不同的电源类型和电压等级负载驱动电源。

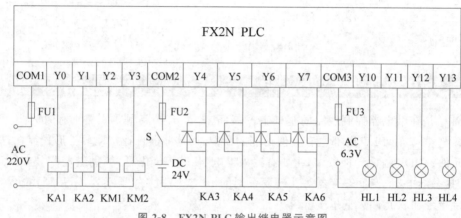

图 2-8　FX2N PLC 输出继电器示意图

2.3.2　辅助继电器

辅助继电器（M）是 PLC 内部继电器，它与输入、输出继电器不同，不能接收输入端子送来的信号，也不能驱动输出端子，辅助继电器通常采用十进制编号，如 M0～M499，M500～M3071 等。辅助继电器有一等效线圈和任意对动合触点和动断触点供 PLC 内部编程用。

辅助继电器分为以下三种类型。

（1）一般用辅助继电器：其特点是线圈得电触点动作，线圈失电触点复位，没有停电保持的功能。FX2N 型和 FX3U 型 PLC 一般用辅助继电器的编号为 M0～M499。一般用辅助继电器的作用是作为中间状态存储及信号变换，不能直接驱动外部负载，外部负载应通过输出继电器进行驱动。

（2）断电保持用辅助继电器：其特点是当停电时，线圈由后备锂电池维持，恢复接通供电时，它能记忆停电前的状态。FX2N 型 PLC 断电保持用辅助继电器的编号 M500～M3071。FX3U 型 PLC 的停电保持型辅助继电器可分为停电保持型（M500～M1023）和停电保持专用型（M1024～M7679）。FX3U 可编程控制器内部则有 7680 个辅助继电器可供编程使用。

（3）特殊辅助继电器：FX2N 型 PLC 特殊辅助继电器的编号为 M8000～M8255，部分辅助继电器的时序图如图 2-9 所示。FX3U 系列 PLC 有 512 个特殊用途辅助继电器，各个特殊辅助继电器都具有不同的功能。常用的一些特殊辅助继电器有：M8000，运行监视用，在 PLC 运行过程中，M8000 触点始终处于接通状态；M8002，初始脉冲，该触点仅在运行开始瞬间接通一个扫描周期,以后断开;M8011,产生 10ms 连续时钟脉冲 (FX2N、FX3U 型);M8012,产生 100ms 连续时钟脉冲(FX2N、FX3U 型);M8013,产生 1s 连续时钟脉冲(FX2N、FX3U 型);M8014,产生 1min 连续时钟脉冲(FX3U 型)。

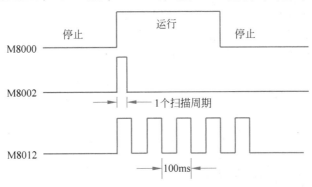

图 2-9　M8000、M8002、M8012 辅助继电器的时序图

2.3.3　状态继电器

状态继电器(S)是步进顺序控制中的重要软元件,与辅助继电器一起,有任意对动合触点和动断触点。其按十进制进行编号,如 S0～S9,S10～S19,S20～S499 等。它与步进顺控指令(STL)组合使用。状态继电器只有"1"与"0"两种状态,当其状态为"1"时,可驱动输出继电器或其他软元件。表 2-2 列出 FX 系列状态继电器的编号。

表 2-2　FX 系列状态继电器的编号

类　　型	PLC 系列				
	FX1S	FX2N、FX2NC	FX2N、FX2NC	FX3G	FX3U、FX3UC
初始状态型	S0～S9	S0～S9	S0～S9	S0～S9	S0～S9
普通型	S10～S127	S10～S899	S10～S899	S10～S4095	S10～S899, S1000～S4095
报警用途型	无	无	S900～S999	无	S900～S999

状态继电器可分为初始状态型、普通型和报警用途型。一般而言,状态继电器主要在步进顺序控制程序中使用。若未在步进顺序控制中使用的状态型继电器,也可当成普通的辅助继电器使用。如图 2-10 所示,当 X000 触点闭合时,S20 线圈得电,S20 动断触点闭合。

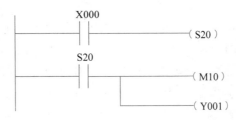

图 2-10　状态继电器当普通的辅助继电器使用

2.3.4 定时器

定时器(T)又称计时器,是用于计算时间的继电器,它可以有无数个动合触点和动断触点,其定时单位有 1ms、10ms、100ms。定时器按十进制方式编号。定时器分为普通型定时器(又称一般型定时器)和停电保持型定时器(又称累计型定时器或积算型定时器)。表 2-3 列出 FX 系列 PLC 支持的定时器类型。

表 2-3 FX 系列 PLC 支持的定时器类型

类 型	PLC 系列			
	FX1S	FX2N、FX2NC	FX3G	FX3U、FX3UC
1ms 普通型定时器	T31	—	T256～T319	T256～T511
10ms 普通型定时器	T32～C62		T200～245	
100ms 普通型定时器	T0～62		T0～199	
1ms 累计型定时器	—		T246～249	
100ms 累计型定时器	—		T250～255	

图 2-11 为普通型定时器和累计型定时器的区别说明。

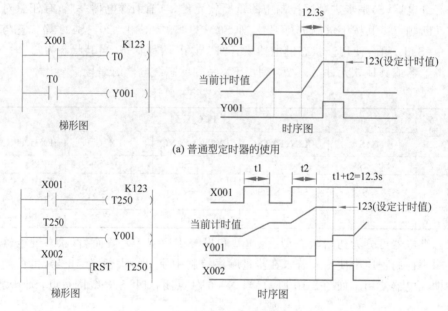

(a) 普通型定时器的使用

(b) 累计型定时器的使用

图 2-11 普通型定时器和累计型定时器的区别

图 2-11(a)所示梯形图中的定时器 T0 为 100ms 普通型定时器,其设定计时值为 123
(123×0.1s=12.3s)。当 X001 触点闭合时,T0 定时器输入为 ON,开始计时,如果当前计时值未到 123 时 T0 定时器输入变为 OFF(X001 触点断开),则定时器 T0 立即停止计时,并且当前计时值复位为 0;当 X001 触点再闭合时,T0 定时器重新开始计时,当计时值到达 123 时,定时器 T0 的状态值变为 ON,T0 动合触点闭合,Y001 线圈得电。普通型

定时器的计时值到达设定值时,如果其输入仍为 ON,则定时器的计时值保持设定值不变;当输入变为 OFF 时,其状态值变为 OFF,同时当前计时值变为 0。

图 2-11(b)所示梯形图中的定时器 T250 为 100ms 停电保持型定时器,其设定计时值为 123(123×0.1s=12.3s)。当 X001 触点闭合时,T250 定时器开始计时,如果当前计时值未到 123 时出现 X001 触点断开或 PLC 断电,则定时器 T250 停止计时,但当前计时值保持;当 X001 触点再闭合或 PLC 恢复供电时,定时器 T250 在先前保持的计时值基础上继续计时,直到累计计时值到达 123 时,定时器 T250 的状态值变为 ON,T250 动合触点闭合,Y001 线圈得电。停电保持型定时器的计时值到达设定值时,不管其输入是否为 ON,其状态值仍保持为 ON,当前计时值也保持设定值不变,直到用 RST 指令对其进行复位,状态值才变为 OFF,当前计时值才复位为 0。

2.3.5 计数器

计数器(C)是一种具有计数功能的继电器,它可以有无数个动合触点和动断触点。计数器分为加计数器和加/减双向计数器。计数器按十进制方式编号。计数器可分为普通型计数器和停电保持型计数器。表 2-4 列出 FX 系列 PLC 支持的计数器类型。

表 2-4　FX 系列 PLC 支持的计数器类型

类　型	PLC 系列		
	FX1S	FX1N、FX1NC、FX3G	FX2N、FX2NC、FX3U、FX3UC
普通型 16 位加计数器(0～32767)	C0～C15	C0～C15	C0～C99
停电保持型 16 位加计数器(0～32767)	C16～C31	C16～C199	C100～C199
普通型 32 位加/减计数器	—	C200～C219	
停电保持型 32 位加/减计数器(±2147483648)	—	C200～C234	

1. 加计数器的使用

加计数器的使用如图 2-12 所示,C0 是一个普通型的 16 位加计数器。当 X000 触点闭合时,RST 指令将 C0 计数器复位(状态值变为 OFF,当前计数值变为 0),X001 触点断开后,X001 触点每闭合、断开一次(产生一个脉冲),计数器 C0 的当前计数值就递增 1,X001 触点第 10 次闭合时,C0 计数器的当前计数值达到设定计数值 10,其状态值立即变为 ON,C0 动合触点闭合,Y001 线圈得电。当计数器的计数值达到设定值后,即使再输入脉冲,其状态值和当前计数值也保持不变,直到用 RST 指令将计数器复位。

停电保持型计数器的使用方法与普通型计数器基本相似,两者的区别主要在于:普通型计数器在 PLC 停电时状态值和当前计数值会被复位,上电后重新开始计数;停电保持型计数器在 PLC 停电时会保持停电前的状态值和计数值,上电后会在先前保持的计数值基础上继续计数。

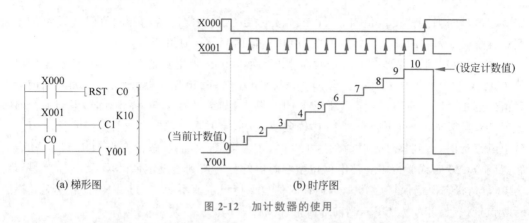

(a) 梯形图　　　　　　　　　　　　(b) 时序图

图 2-12　加计数器的使用

2. 加/减计数器的使用

FX 系列 PLC 的 C200～C234 为加/减计数器,这些计数器既可以加计数又可以减计数,进行何种计数方式分别受特殊辅助继电器 M8200～M8234 的控制。比如,C200 计数器的计数方式受 M8200 辅助继电器控制,M8200＝1(M8200 状态为 ON)时,C200 计数器进行减计数;M8200＝0 时,C200 计数器进行加计数。加/减计数器在计数值达到设定值后,如果仍有脉冲输入,其计数值会继续增大或减小,在加计数达到最大值 2147483647 时,再来一个脉冲,计数值会变为最小值－2147483648;在减计数达到最小值－2147483648 时,再来一个脉冲,计数值会变为最大值 2147483647,所以加减计数器是环形计数器。在计数时,不管加/减计数器进行的是加计数还是减计数,只要其当前计数值小于设定计数值,计数器的状态就为 OFF;若当前计数值大于或等于设定计数值,则计数器的状态为 ON。

加/减计数器的使用如图 2-13 所示。当 X000 触点闭合时,M8002 继电器状态为 ON,C200 计数器工作方式为减计数,X000 触点断开时,M8002 继电器状态为 OFF,C200 计数器工作方式为加计数。当 X001 触点闭合时,RST 指令对 C200 计数器进行复位,其状态变为 OFF,当前计数值也变为 0。C200 计数器复位后,将 X001 触点断开,X014 触点每通断一次(产生一个脉冲),C200 计数器的计数值就加 1 或减 1。进行加计数,当 C200 计数器的当前计数值达到设定值(图中由－5 增到－4 时),其状态变为 ON;进行减计数,当 C200 计数器的当前计数值减到小于设定值(图中由－4 减到－5 时),其状态变为 OFF。

3. 高速计数器(C235～C255)

(1) 对外部信号计数,中断工作方式。高频计数信号来自机外,从专用输入端子(X000～X005)输入。高速计数器的计数、启动、复位及数值控制功能都采取中断方式工作。

(2) 计数范围较大,计数频率较高。高速计数器均为 32 位加减计数器,计数频率可达到 10kHz。

(3) 工作设置较灵活。除了普通计数器的启动复位方式,还有机外信号实现对其工作状态的控制。

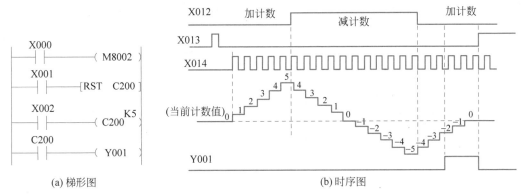

图 2-13　加/减计数器的使用

（4）使用专用的工作指令。具有专门的控制指令，可以不通过本身的触点，以中断工作方式直接完成对其他器件的控制。

表 2-5 列出高速计数器的输入端口。

表 2-5　高速计数器的输入端口

	1 相 1 计数输入										1 相 2 计数输入					2 相 1 计数输入				
	C235	C236	C237	C238	C239	C240	C241	C242	C243	C244	C245	C246	C247	C248	C249	C250	C251	C252	C253	C254	C255
X000	U/D						U/D			U/D		U	U		U		A	A		A	
X001		U/D					R			R		D	D		D		B	B		B	
X002			U/D					U/D			U/D		R		R			R		R	
X003				U/D				R			R		U		U			A		A	
X004					U/D				U/D				D		D			B		B	
X005						U/D			R				R		R			R		R	
X006										S					S				S		
X007											S					S				S	

4. 计数值的设定方式

计数器的计数值可以直接用常数设定（直接设定），也可以将数据寄存器中的数值设为计数值（间接设定）。图 2-14 为计数器的计数值设定。

16 位计数器的计数值设定图 2-14（a）所示，C0 计数器的计数值采用直接设定方式，直接将常数 4 设为计数值；C1 计数器的计数值采用间接设定方式，先用 MOV 指令将常数 10 传送到数据寄存器 D5 中，然后将 D5 中的值指定为计数值。

32 位计数器的计数值设定图 2-14（b）所示，C200 计数器的计数值采用直接设定方式，直接将常数 43000 设为计数值；C201 计数器的计数值采用间接设定方式，由于计数值为 32 位，故需要先用 DMOV 指令（32 位数据传送指令）将常数 70000 传送到两个 16 位数据寄存器 D6、D5（两个）中，然后将 D6、D5 中的值指定为计数值，在编程时只需输入低编号数据寄存器，相邻高编号数据寄存器会自动占用。

2.3.6　数据寄存器

数据寄存器（D）是用来存放数据的软元件，其按十进制方式编号。一个数据寄存器

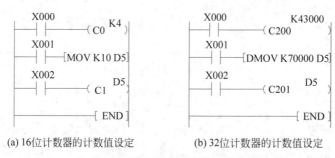

(a) 16位计数器的计数值设定　　　　　　(b) 32位计数器的计数值设定

图 2-14　计数器的计数值设定

可以存放 16 位二进制数,其最高位为符号位(符号位:0 代表正数,1 代表负数),16 位数据寄存器可存放 −32768 ～ +32767 范围的数据。16 位数据寄存器的结构如图 2-15 所示。

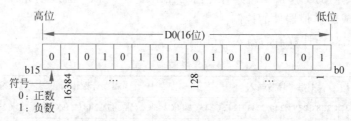

图 2-15　16 位数据寄存器的结构

两个相邻的数据寄存器组合起来可以构成一个 32 位数据寄存器,能存放 32 位二进制数,其最高位为符号位(0:正数;1:负数),两个数据寄存器组合构成的 32 位数据寄存器可存放 −2147483648 ～ +2147483647 范围的数据。32 位数据寄存器的结构如图 2-16 所示。

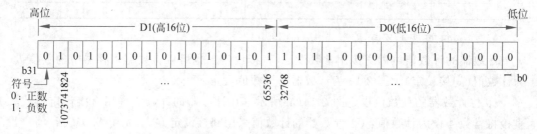

图 2-16　32 位数据寄存器的结构

FX 系列 PLC 的数据寄存器可分为普通型、停电保持型、文件型和特殊型数据寄存器。FX 系列 PLC 支持的数据寄存器点数如表 2-6 所示。

表 2-6　FX 系列 PLC 支持的数据寄存器点数

类　　型	PLC 系列		
	FX1S	FX1N、FX1NC、FX3G	FX2N、FX2NC、FX3U、FX3UC
普通型数据寄存器	D0～D127	D0～D127	D0～D199
停电保持型数据寄存器	D128～D255	D128～D7999	D200～D7999

类　　型	PLC 系列		
	FX1S	**FX1N、FX1NC、FX3G**	**FX2N、FX2NC、FX3U、FX3UC**
文件型数据寄存器	D1000～D2499	D1000～D7999	
特殊型数据寄存器	D8000～D8255(FX1S/FX1N/FX2N/FX2NC) D8000～D8511(FX3U/FX3UC)		

当 PLC 从 RUN 模式进入 STOP 模式时,所有一般型数据寄存器的数据均全部清零。如果特殊辅助继电器 M8033 为 ON,则 PLC 从 RUN 模式进入 STOP 模式时,一般型数据寄存器的值保持不变。程序中未用的定时器和计数器可以作为数据寄存器使用。

停电保持型数据寄存器具有停电保持功能,当 PLC 从 RUN 模式进入 STOP 模式时,停电保持型数据寄存器的值保持不变。在编程软件中可以设置停电保持型数据寄存器的范围。

文件型数据寄存器用来设置具有相同软元件编号的数据寄存器的初始值。PLC 上电和由 STOP 转换至 RUN 模式时,文件型数据寄存器中的数据被传送到系统的 RAM 数据寄存器区。

特殊型数据寄存器的作用是控制和监视 PLC 内部的各种工作方式和软元件,如扫描时间、电池电压等。在 PLC 上电和由 STOP 转换至 RUN 模式时,这些数据寄存器会被写入默认值。更多特殊型数据寄存器的功能可查阅 FX 系列 PLC 的编程手册。

2.3.7　变址寄存器

FX 系列 PLC 有 V0～V7 和 Z0～Z7 共 16 个变址寄存器,它们都是 16 位寄存器。变址寄存器 V、Z 实际上是一种特殊用途的数据寄存器,其作用是改变元件的编号(变址)。例如,V0＝5,若执行 D20V0,则实际被执行的元件为 D25。变址寄存器可以像其他数据寄存器一样进行读/写,需要进行 32 位操作时,可将 V、Z 串联使用(Z 为低位,V 为高位)。

习题

1. 阐释 PLC 的基本组成部分,并说明它的工作原理。

2. 说明 PLC 各类继电器的编号特点、作用和梯形图中的表示。

3. 说明计数器的工作特点和梯形图中的表示,并说明计数器在使用前为什么要清零?

4. 说明定时器的工作特点和梯形图中的表示,并说明定时器的三要素是什么以及如何提高定时精度。

5. 阐述数据寄存器的常用功能,并说明如何用数据寄存器作为定时器和计数器的设定值。

第 3 章

基本逻辑指令

PLC 的编程语言与普通计算机语言相比具有明显的特点,它既不同于高级语言也和汇编语言有一定的差异,既需要满足方便编写也需要保证便于调试。目前,各大生产厂商的 PLC 产品其语言很难相互兼容,不同品牌的 PLC 产品使用的编程语言不兼容,需要掌握不同的技能。PLC 编程语言不断发展和完善,注重可读性、可维护性和可重用性等方面,为工业自动化带来更加智能、高效、可靠、安全的应用。

3.1 线圈驱动指令

3.1.1 指令符与功能

线圈驱动指令的指令符与功能如表 3-1 所示。

表 3-1 线圈驱动指令的指令符与功能

指令符(名称)	功　能	可作用的软元件	电路表示
LD(取)	动合触点逻辑运算开始	X、Y、M、S、T、C	─┤├─┤├─┤├─(Y001)┤├─
LDI(取反)	动断触点逻辑运算开始	X、Y、M、S、T、C	─┤/├─┤├─┤├─(Y001)┤├─
OUT(输出)	线圈驱动	M、S、T、C	─┤├─┤├─┤├─(Y001)┤├─

3.1.2 指令应用注意事项

指令应用注意事项如下:

(1)LD 是将动合触点连到左侧母线上。LDI 是将动断触点连到左侧母线上,OUT 是线圈驱动指令,连接于右侧母线。

(2)LD 与 LDI 指令对应的出点一般与左母线相连,若与 ANB 和 ORB 指令组合,则可用于串、并联电路块的起始触点。

(3)线圈驱动指令可以并行多次输出,它相当于线圈的并联;对于定时器和计数器的线圈,在使用 OUT 指令后,必须设定常数 K 或指定相应的数据寄存器。图 3-1 所示梯形图中的 OUT M100,OUT T1 K19。

(4)输入继电器 X 不能使用 OUT 指令。

图 3-1 为 LD、LDI、OUT 指令的应用。

```
     X000
0    ─┤├───────────────────────────────────────( Y001 )

     X001
2    ─┤/├──────┬──────────────────────────────( M10 )
              │                                        K30
              └──────────────────────────────( T0 )

     T0
7    ─┤├───────────────────────────────────────( Y002 )
```

(a) 梯形图

0	LD	X000	4	OUT	T0K30
1	OUT	Y001	5	LD	T0
2	LDI	X001	6	OUT	Y2
3	OUT	M10			

(b) 指令表

图 3-1 LD、LDI、OUT 指令的应用

3.2 触点串联和并联指令

3.2.1 指令符与功能

触点串联、并联指令符与功能如表 3-2 所示。

表 3-2 触点串联、并联指令符与功能

指令符(名称)	功　能	可作用的软元件	电路表示
AND(与)	相串联动合触点	X、Y、M、S、T、C	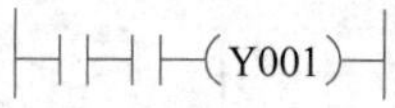 ─┤├─┤├─(Y001)─
ANI(与非)	相串联动断触点	X、Y、M、S、T、C	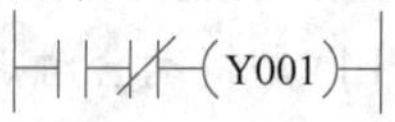 ─┤├─┤/├─(Y001)─
OR(或)	相并联动合触点	X、Y、M、S、T、C	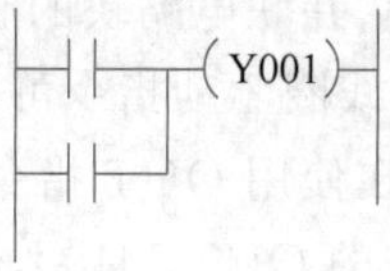

续表

指令符(名称)	功　　能	可作用的软元件	电路表示
ORI(或非)	相并联动断触点	X、Y、M、S、T、C	

3.2.2　指令应用注意事项

指令应用注意事项如下。

(1) AND 指令用于单个动合触点的串联,完成逻辑"与"运算。ANI 指令用于单个动断触点的串联,完成逻辑"与非"运算。OR 指令用于单个动合触点的并联,完成逻辑"或"运算。ORI 指令用于单个动断触点的并联,完成逻辑"或非"运算。

(2) AND 和 ANI 指令均用于单个触点的串联,串联触点数目没有限制,该指令可以重复多次使用,如图 3-2 所示。

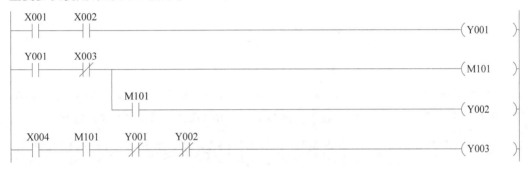

(a) 梯形图

0	LD	X001	8	LD	X004
1	AND	X002	9	AND	M101
2	OUT	Y001	10	ANI	Y001
3	LD	Y001	11	ANI	Y002
4	ANI	X003	12	OUT	Y003
5	OUT	M101			
6	AND	M101			
7	OUT	Y002			

(b) 指令表

图 3-2　AND、ANI 指令的应用

(3) OR 和 ORI 指令从该指令的当前步开始,对前面的 LD、LDI 指令并联连接,并联连接的次数没有限制。

(4) OR 和 ORI 指令用于单个触点与前面电路的并联,并联触点的左端接到该指令所在的电路块的起始点(LD 点)上,右端与前一条指令对应的触点的右端相连,即单个触点并联到它前面已经连接好的电路的两端,如图 3-3 所示。

```
X000
─┤├──────────────────────────────────────────────────(Y001)─

X001
─┤├─

M1
─┤/├─

Y001  X003  X004
─┤/├──┤├────┤├────────────────────────────────────────(M2)─

M2
─┤├─

M3
─┤/├─
```

(a) 梯形图

```
0  LD   X000      6  OR   M002
1  OR   X001      7  AND  X004
2  ORI  M001      8  ORI  M003
3  OUT  Y001      9  OUT  M002
4  LDI  Y001
5  AND  X003
```

(b) 指令表

图 3-3   OR、ORI 指令的应用

PLC 执行程序的顺序是从上到下,从左到右,因此指令表的顺序也按这一原则排列。OUT 指令之后,通过串联触点再对其他线圈使用 OUT 指令,称为纵接输出。

3.3 电路块连接指令

3.3.1 指令符与功能

电路块并联与串联指令符与功能如表 3-3 所示。

表 3-3   电路块并联与串联指令符与功能

指令符(名称)	功能	可作用的软元件	电路表示
ORB(电路块或)	并联电路块	无	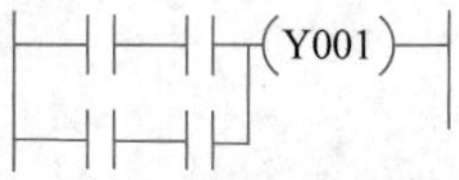
ANB(电路块与)	串联电路块	无	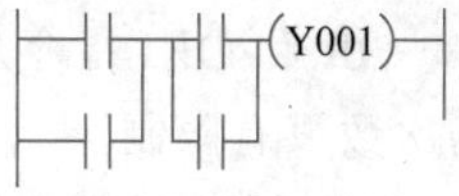

3.3.2 指令应用注意事项

指令应用注意事项如下。

(1) ORB 是串联电路块的并联连接指令(如图 3-4 所示),ANB 是并联电路块的串联连接指令,它们都没有操作元件,可以多次重复使用。

(2) ORB 指令是将串联电路块与前面的电路并联(如图 3-5 所示),相当于电路块右侧的一段垂直连线。串联电路块的起始触点要使用 LD 或 LDI 指令,完成了电路块的内部连接后,用 ORB 指令将它与前面的电路并联。

(3) ANB 指令是将并联电路块与前面的电路串联,相当于两个电路之间的串联连线。并联电路块的起始触点要使用 LD 或 LDI 指令,完成了电路块的内部连接后,用 ANB 指令将它与并联的电路串联。

(4) ORB、ANB 指令可以多次重复使用,但是连续使用 ORB 时,使用应限制在 8 次以下。

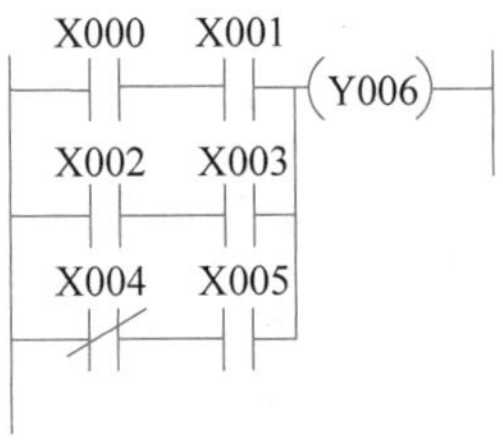

0	LD	X000	5	LDI X004
1	AND	X001	6	AND X005
2	LD	X002	7	ORB
3	AND	X003	8	OUT Y006
4	ORB			

(a) 梯形图 (b) 指令表

图 3-4 串联电路块并联指令的应用

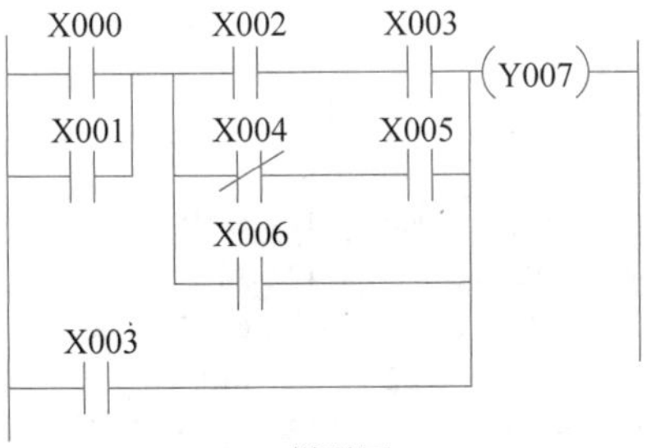

0	LD	X000	6	ORB
1	OR	X001	7	OR X006
2	LD	X002	8	ANB
3	AND	X003	9	OR X003
4	LDI	X004	10	OUT Y007
5	AND	X005		

(a) 梯形图 (b) 指令表

图 3-5 并联电路块串联指令的应用

3.4 多重电路连接指令

多重输出是指从某一点经串联触点驱动线圈之后,再由这一点驱动另一线圈,或再经串联触点驱动另一线圈的输出方式。

3.4.1 指令符与功能

多重电路连接指令符与功能如表 3-4 所示。

表 3-4　多重电路连接指令符与功能

指令符（名称）	功　　能	可作用的软元件	电路表示
MPS（进栈）	记忆到 MPS 指令为止的状态	无	
MRD（读栈）	读到 MPS 指令为止的状态，从这点输出	无	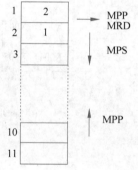
MPP（出栈）	读到 MPS 指令为止的状态，从这点输出并清除状态	无	

3.4.2　指令应用注意事项

指令应用注意事项如下。

（1）MPS 指令将此时刻的运算结果送入堆栈存储。

（2）MPP 指令将各数据按顺序向上移动，将最上端的数据读出，同时该数据就从堆栈中消失。

（3）MRD 指令是读出最上端所存数据的专用指令，堆栈内的数据不发生移动。

（4）MPS 指令与 MPP 指令必须成对使用，连续使用应小于 11 次，如图 3-6 所示。

MPS、MRD、MPP 指令的应用如图 3-7 所示。

图 3-6　MPS、MPP、MRD 指令

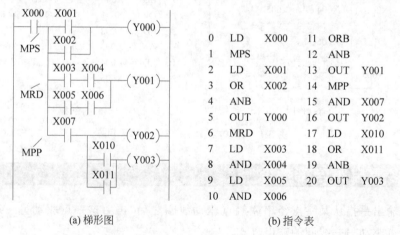

（a）梯形图

0	LD	X000
1	MPS	
2	LD	X001
3	OR	X002
4	ANB	
5	OUT	Y000
6	MRD	
7	LD	X003
8	AND	X004
9	LD	X005
10	AND	X006
11	ORB	
12	ANB	
13	OUT	Y001
14	MPP	
15	AND	X007
16	OUT	Y002
17	LD	X010
18	OR	X011
19	ANB	
20	OUT	Y003

（b）指令表

图 3-7　MPS、MRD、MPP 指令的应用

MPS、MRD、MPP 与 ANB、ORB 相结合的应用如图 3-8 所示。

2 段及以上堆栈与 MPS、MRD、MPP 指令的应用如图 3-9 所示。

(a) 梯形图

0	LD	X000		11	ANI	X004
1	OR	Y001		12	LDI	X005
2	MPS			13	AND	X006
3	LD	X001		14	ORB	
4	ANI	X002		15	ANB	
5	OR	M0		16	AND	X007
6	ANB			17	OUT	Y001
7	ANI	M0		18	MPP	
8	OUT	Y000		19	AND	X010
9	MRD			20	OUT	Y002
10	LD	X003				

(b) 指令表

图 3-8　MPS、MRD、MPP 与 ANB、ORB 相结合的应用

(a) 梯形图

0	LD	X000		12	MPP	
1	MPS			13	AND	X006
2	AND	X002		14	MPS	
3	MPS			15	AND	X007
4	AND	X003		16	OUT	Y003
5	OUT	Y000		17	MPP	
6	MRD			18	AND	X010
7	AND	X004		19	MPS	
8	OUT	Y001		20	AND	X011
9	MPP			21	OUT	Y004
10	AND	X005		22	MPP	
11	OUT	Y002		23	OUT	Y005

(b) 指令表

图 3-9　2 段及以上堆栈与 MPS、MRD、MPP 指令的应用

3.5　置位与复位指令

3.5.1　指令符与功能

置位与复位指令如表 3-5 所示。

表 3-5　置位与复位指令

指令符（名称）	功　　能	可作用的软元件	电路表示
SET（置位）	置位元件为 ON 输出	Y、M、S	⊢⊣⊢[SET Y000]⊣
RST（复位）	置位元件为 OFF 输出	Y、M、S、C、D、V、Z	⊢⊣⊢[RST Y000]⊣

3.5.2　指令应用注意事项

指令应用注意事项如下。

（1）图 3-10 中的 X0 一旦接通，即使再变成断开状态，Y0 也保持有电；X1 接通后，即使再变成断开状态，Y0 也保持无电。对于 M、S 也同样如此。

（2）对同一元件可以多次使用 SET、RST 指令，如图 3-10 所示，顺序可任意选择，但对于输出结果，只有驱动条件满足的指令才有效。

（3）要使数据寄存器 D、计数器 C、积算定时器 T 及变址寄存器 V、Z 的内容清零也可用 RST 指令。

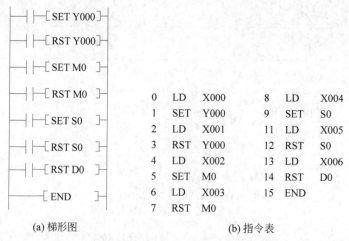

0	LD	X000	8	LD	X004
1	SET	Y000	9	SET	S0
2	LD	X001	11	LD	X005
3	RST	Y000	12	RST	S0
4	LD	X002	13	LD	X006
5	SET	M0	14	RST	D0
6	LD	X003	15	END	
7	RST	M0			

(a) 梯形图　　　　　　　　　　(b) 指令表

图 3-10　置位与复位指令的应用

3.6　主控移位和复位指令

3.6.1　指令符与功能

主控移位与复位指令如表 3-6 所示。

表 3-6 主控移位与复位指令

指令符(名称)	功　　能	可作用的软元件	电路表示
MC(主控移位)	驱动后,执行从 MC 到 MCR 之间的程序段	N	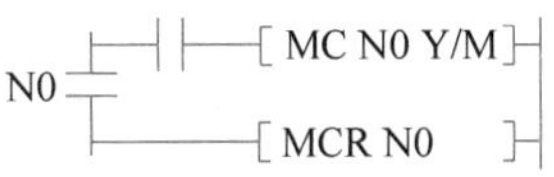 N0 ┤├ ─[MC N0 Y/M]─ ─[MCR N0]─
MCR(主控复位)	主控程序段结束	N	

3.6.2 指令应用注意事项

指令应用注意事项如下。

(1) 用于公共串联触点的连接是控制一组梯形图电路的总开关。主控指令控制的操作组件的动合触点要与主控指令后的母线垂直串联连接。

(2) MC 是主控起点,操作数 $N(0\sim7)$ 为嵌套层数,操作元件为 M,Y 特殊辅助继电器不能用作 MC 的操作元件。MCR 是主控结束,主控电路块的终点,操作数 N 为 $0\sim7$。MC 指令与 MCR 指令必须成对使用。

(3) 与主控触点相连的触点必须用 LD 或 LDI 指令,即执行 MC 指令后,母线移到主控触点的后面,MCR 指令使母线回到原来的位置。

(4) 在 MC 指令内再使用 MC 指令时,称为嵌套,嵌套层数 N 的编号就顺次增大;主控返回时用 MCR 指令,嵌套层数 N 的编号就顺次减小。

MC、MCR 的基本用法如图 3-11 所示。

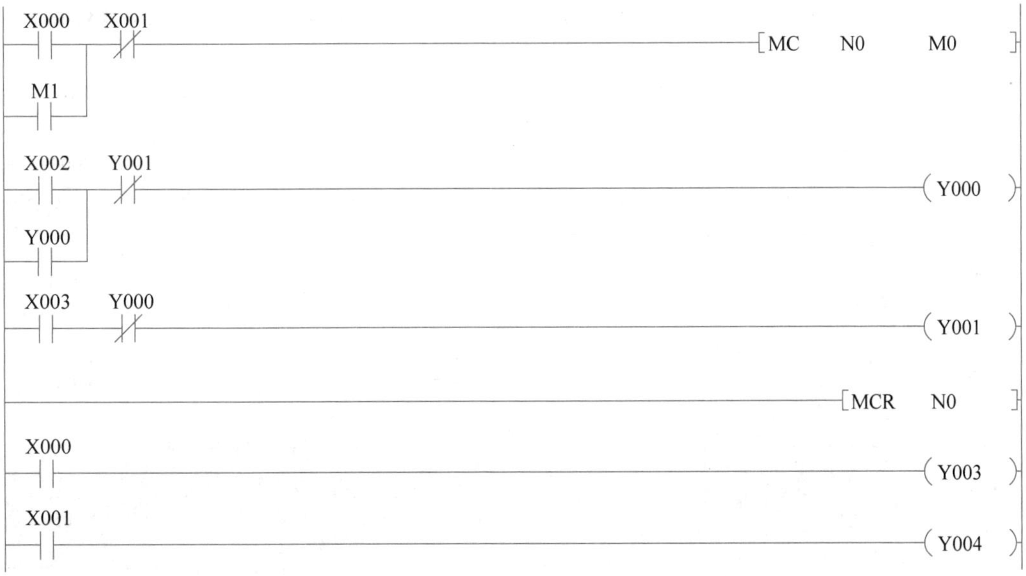

(a) 梯形图

图 3-11　MC、MCR 的基本用法

0	LD	X000	8	LD	X003
1	OR	M1	9	ORI	Y001
2	AND	X001	10	MCR	N0
3	MC	N0 M0	11	LD	Y000
4	LD	X002	12	OUT	Y003
5	OR	Y000	13	LD	Y001
6	ANI	Y001	14	OUT	Y004
7	OUT	Y000			

(b) 指令表

图 3-11 （续）

MC、MCR 指令可以嵌套，应用如图 3-12 所示。

通过上面梯形图的应用不难发现，主控指令相当于应用电路中等电位点的位置。主控指令等效梯形图及指令表形式如图 3-13 所示。图 3-13(a)梯形图可以采用主控指令改为图 3-13(b)梯形图的形式。

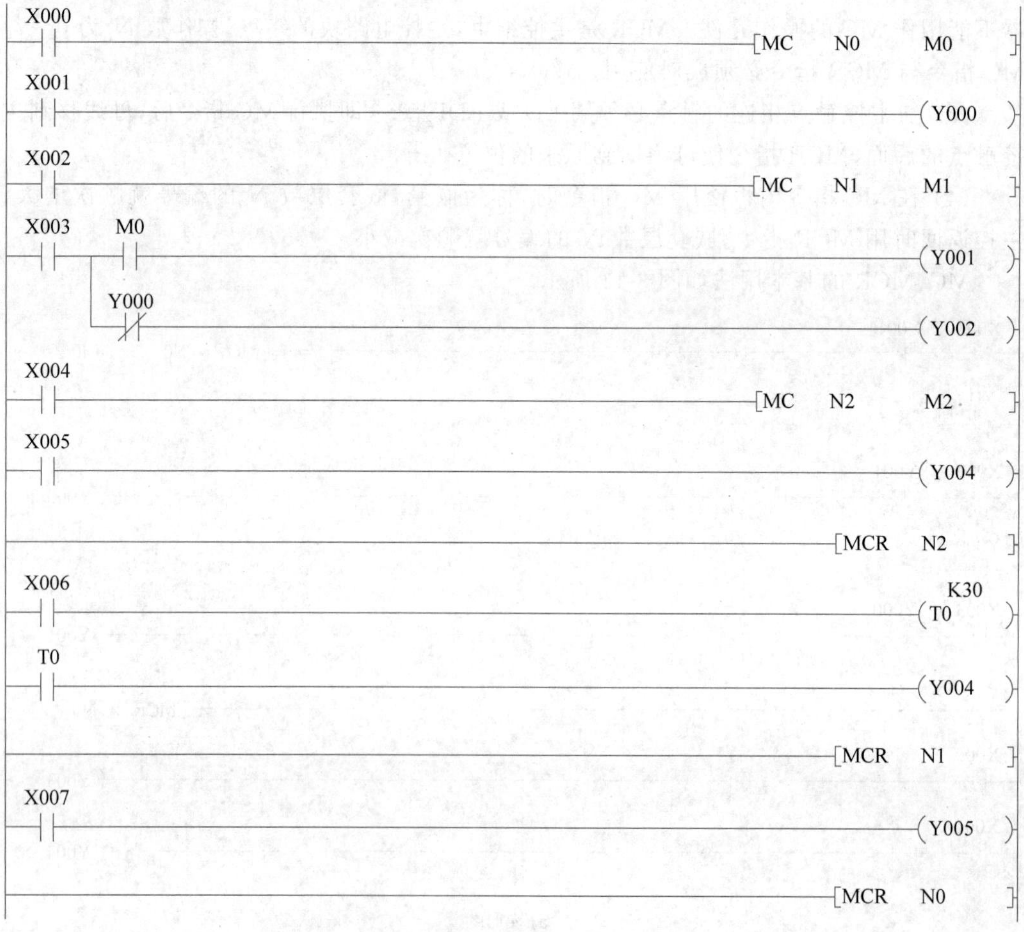

(a) 梯形图

图 3-12 MC、MCR 指令的应用

0	LD	X000		13	LD	X004
1	MC	N0 M0		14	MC	N2 M2
2	LD	X001		15	LD	X005
3	OUT	Y000		16	OUT	Y004
4	LD	X002		17	MCR	N2
5	MC	NI M1		18	LD	X006
6	LD	X003		19	OUT	T0 K30
7	MPS			20	LD	T0
8	LD	M0		21	OUT	Y004
9	OUT	Y001		22	MCR	N1
10	MPP			23	LD	X007
11	ANI	Y000		24	OUT	Y005
12	OUT	Y2		25	MCRN0	

(b) 指令表

图 3-12 （续）

(a) 梯形图

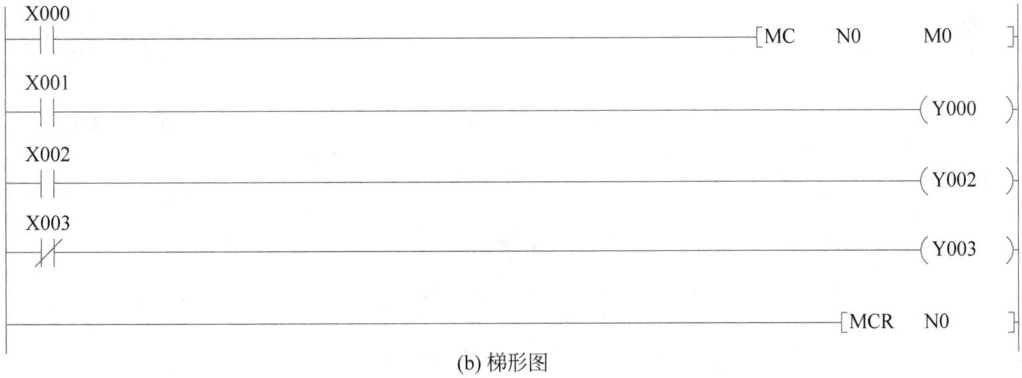

(b) 梯形图

0	LD	X000		5	OUT	Y002
1	MC	N0 M0		6	LDI	X003
2	LD	X001		7	OUT	Y003
3	OUT	Y000		8	MCR	N0
4	LD	X002				

(c) 指令表

图 3-13 主控指令等效梯形图及指令表

3.7 脉冲输出指令

3.7.1 指令符与功能

脉冲输出指令如表 3-7 所示。

表 3-7　脉冲输出指令

指令符（名称）	功　　能	可作用的软元件	电路表示
PLS（上升沿脉冲）	上升沿后操作元件输出一个扫描周期	Y、M	X000 —||—[PLS M0]
PLF（下降沿脉冲）	下降沿后操作元件输入一个扫描周期	Y、M	X001 —||—[PLS M1]

3.7.2 指令应用注意事项

脉冲输出指令的应用如图 3-14 所示。指令应用注意事项如下。

（1）使用 PLS 指令时，仅在驱动输入 ON 后一个扫描周期内，软元件 Y、M 动作；使用 PLF 指令时，仅在驱动输入 OFF 后一个扫描周期内，软元件 Y、M 动作。

（2）使用计数器时，为了保证驱动输入 ON 后立即清零，使用 PLS 指令。

(a) 梯形图

```
0  LD   X000        5  LD   X001
1  PLS  M0          6  PLF  M1
3  LD   M0          7  LD   M1
4  SET  Y000        8  RST  Y000
```

(b) 指令表

图 3-14　脉冲输出指令的应用

3.8 脉冲检测指令

3.8.1 指令符与功能

脉冲检测指令如表 3-8 所示。

表 3-8 脉冲检测指令

指令符（名称）	功　　能	可作用的软元件	电路表示
LDP（取脉冲）	与母线相连动合触点（上升沿）	X、Y、M、S、T、C	 ⊢┤↑├───(M1)─┤
LDF（取脉冲）	与母线相连动断触点（下降沿）	X、Y、M、S、T、C	 ⊢┤↓├───(M1)─┤
ANDP（与脉冲）	相串联动合触点（上升沿）	X、Y、M、S、T、C	 ⊢┤├─┤↑├──(M1)─┤
ANDF（与脉冲）	相串联动合触点（下降沿）	X、Y、M、S、T、C	 ⊢┤├─┤↓├──(M1)─┤
ORP（或脉冲）	相并联动合触点（上升沿）	X、Y、M、S、T、C	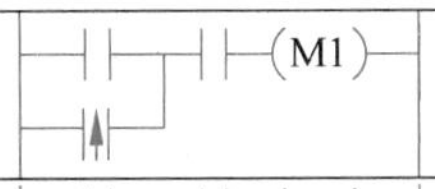 (M1)
ORF（或脉冲）	相并联动合触点（下降沿）	X、Y、M、S、T、C	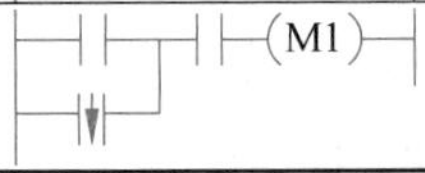 (M1)

3.8.2 指令应用注意事项

脉冲检测指令应用如图 3-15 所示。指令应用注意事项如下。

（1）LDP、ANDP 和 ORP 指令为上升沿检测的触点指令，触点的中间有一个向上的箭头，对应的触点仅在指定位置元件的上升沿（由 OFF 变为 ON）时接通一个扫描周期。

（2）LDF、ANDF 和 ORE 用作下降沿检测的触点指令，触点的中间有个向下的箭头，对应的触点仅在指定位置元件的下降沿（由 ON 变为 OFF）时接通一个扫描周期。

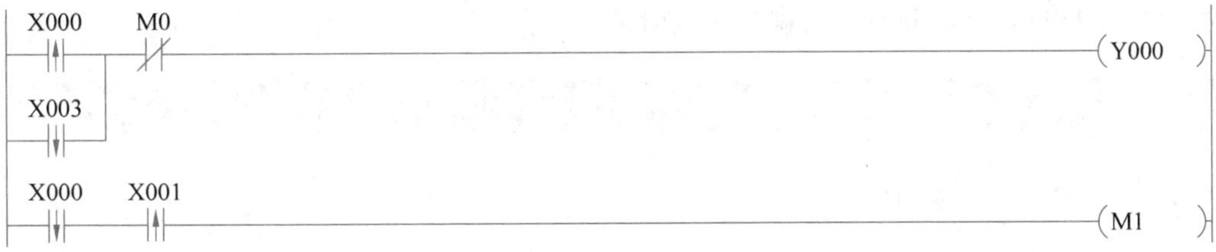

(a) 梯形图

```
0  LDP  X002    4  LDF   X000
1  ORF  X003    5  ANDP  X001
2  ANI  M0      6  OUT   M1
3  OUT  Y000
```

(b) 指令表

图 3-15 脉冲检测指令的应用

3.9 空操作和程序结束指令

3.9.1 指令符与功能

空操作和程序结束指令如表 3-9 所示。

表 3-9　空操作和程序结束指令

指令符（名称）	功　　能	可作用的软元件	电路表示
NOP（空操作）	无任何操作，占用一个程序步	无	⊢⊣⊢——（NOP）
END（结束）	梯形图程序结束	无	⊢⊣⊢——（END）

3.9.2　指令应用注意事项

1. NOP 指令

（1）若在程序中加入 NOP 指令，则改动或追加程序时可以减少步序号的变化。

（2）若将 LD、LDI、ANB、ORB 等指令换成 NOP 指令，电路构成将有较大幅度的变化。

（3）程序清除操作后，全部指令都变成 NOP。

2. END 指令

PLC 按照循环扫描的工作方式，首先进行输入处理，然后进行程序处理，当处理到 END 指令时，即进行输出处理。若在程序中写入 END 指令，则 END 指令以后的程序不再执行，直接进行输出处理；若不写入 END 指令，则从用户程序存储器的第 0 步执行到最后一步。因此，若将 END 指令放在程序结束处，则只执行第 0 步至 END 之间的程序，可以缩短扫描周期。在调试程序时，可以将 END 指令插入各段程序之后，从第一段开始分段调试，调试好后必须删去程序中间的 END 指令。这种方法对程序的查错也很有用处，执行 END 指令的同时也会刷新警戒时钟。

3.10　运算结果取反操作指令

3.10.1　指令符与功能

运算结果取反操作指令如表 3-10 所示。

表 3-10　运算结果取反操作指令

指令符（名称）	功　　能	可作用的软元件	电路表示
INV（取反）	将逻辑运算结果取反	无	⊢⊣⊢/—（Y000）

3.10.2　指令应用注意事项

如图 3-16 为 INV 指令用法示例，INV 指令在梯形图中用一条 45°的短斜线来表示，它将执行该指令之前的运算结果取反，如运算结果为 0，则将它变为 1，如运算结果为 1，则将它变为 0。图 3-16 为逻辑运算结果取反指令应用，如果 X0 为 ON，则 Y0 为 OFF；反之，则 Y0 为 ON。

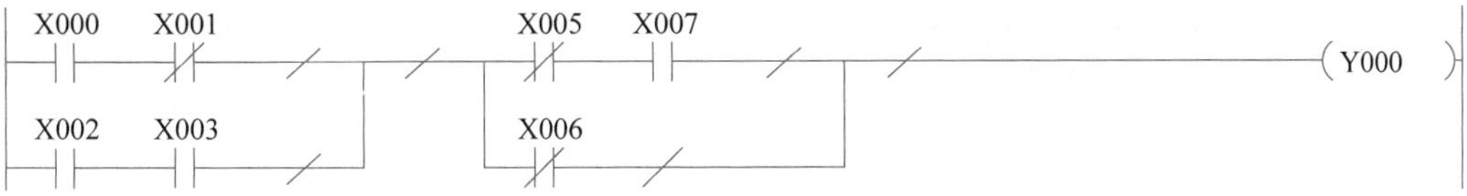

(a) 梯形图

0	LD	X000	9	AND	X007
1	ANI	X001	10	INV	
2	INV		11	LDI	X006
3	LD	X002	12	INV	
4	AND	X003	13	ORB	
5	INV		14	ANB	
6	ORB		15	INV	
7	INV		16	OUT	Y000
8	LDI	X005			

(b) 指令表

图 3-16 INV 指令的应用

习题

1. 列出梯形图 3-1 所示的指令表。

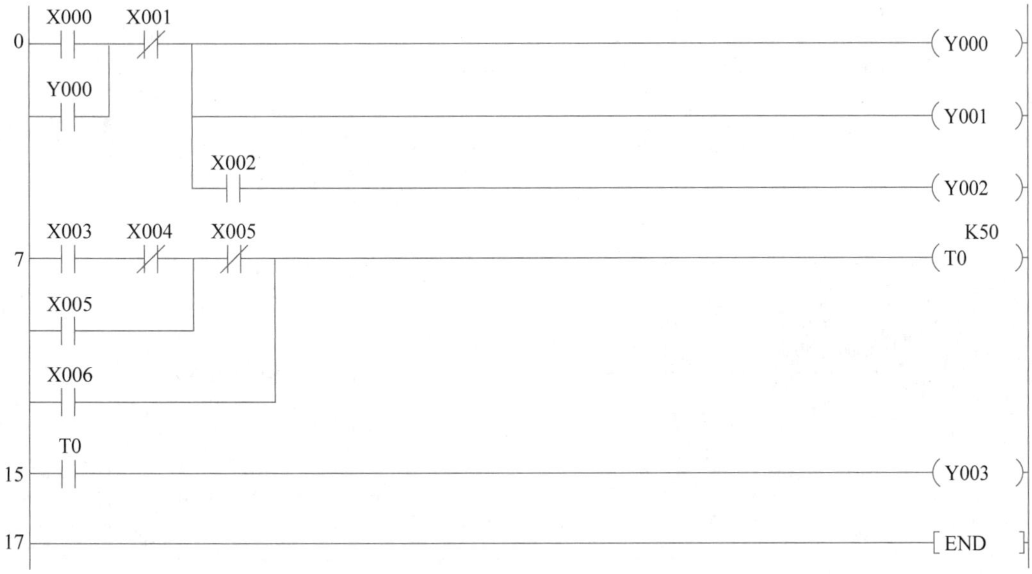

题图 3-1

2. 列出梯形图 3-2 所示的指令表。

3. 列出梯形图 3-3 所示的指令表。

4. 列出梯形图 3-4 所示的指令表。

5. 列出梯形图 3-5 所示的指令表。

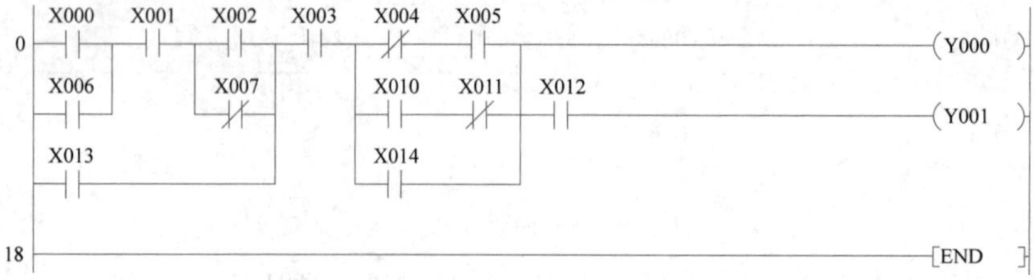

```
0    X000  X001  X002  X003  X004  X005                              (Y000)
     X006        X007        X010  X011  X012                        (Y001)
     X013                    X014
18                                                                   [END]
```

题图 3-2

```
0    X000  X001                                                      (M0)
     M0          X002                                                (Y000)
                 X003                                                (Y001)
                                                                     (Y002)
                 X004                                                (Y003)
14                                                                   [END]
```

题图 3-3

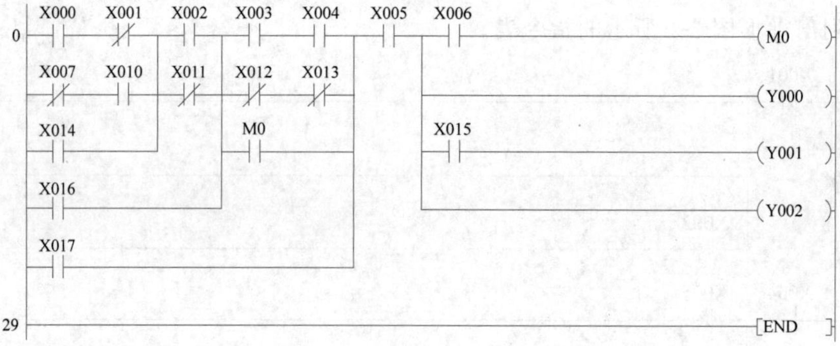

```
0    X000  X001  X002  X003  X004  X005  X006                        (M0)
     X007  X010  X011  X012  X013                                    (Y000)
     X014              M0              X015                          (Y001)
     X016                                                            (Y002)
     X017
29                                                                   [END]
```

题图 3-4

```
0    X000  X001                                  [MC      N0      M3]
N0 — M3
5    X002  Y003                                                     (M0)
     M0    T1                                                  K20
                                                                   (T1)
15   T1                                                        K50
                                                                   (C1)
19   C1                                                             (Y000)
21                                               [MCR      N0]
23                                                                  [END]
```

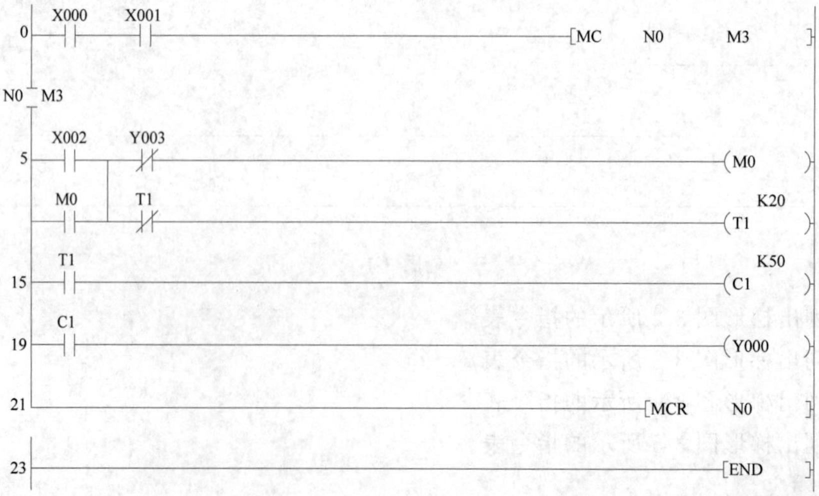

题图 3-5

6. 画出下列指令表的梯形图。

0	LD	X000	11	ORB		
1	MPS		12	ANB		
2	LD	X001	13	OUT	Y001	
3	OR	X002	14	MPP		
4	ANB		15	AND	X007	
5	OUT	Y000	16	OUT	Y002	
6	MRD		17	LD	X010	
7	LD	X003	18	OR	X011	
8	AND	X004	19	ANB		
9	LD	X005	20	ANI	X012	
10	AND	X006	21	OUT	Y003	

7. 列出梯形图 3-6 所示的指令表。

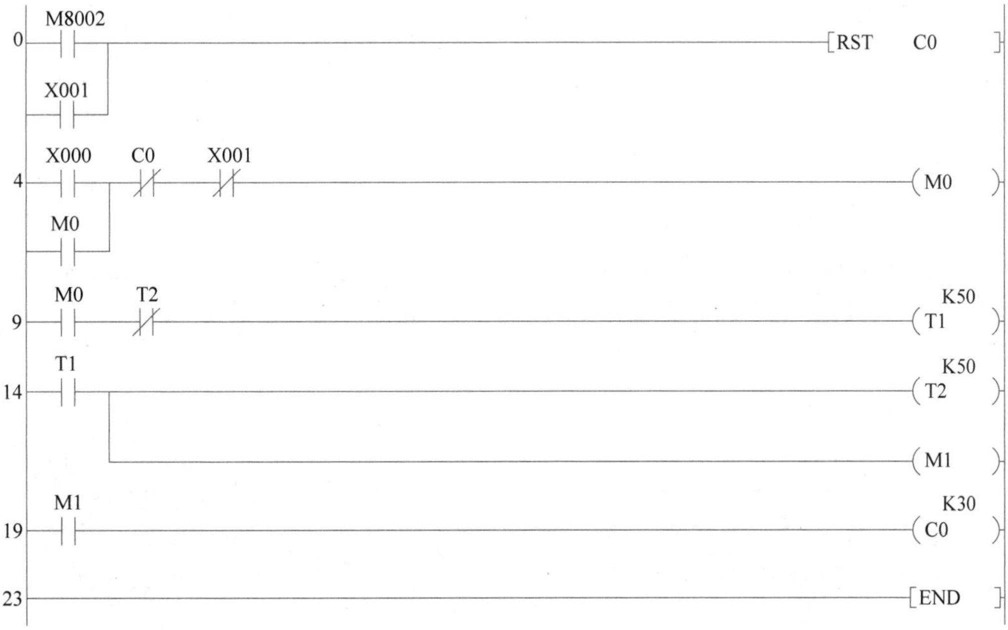

题图 3-6

8. 列出梯形图 3-7 所示的指令表。

9. 列出梯形图 3-8 所示的指令表。

10. 梯形图 3-9 中，X0 为停止按钮，X1 为启动按钮，Y0、Y1、Y2 为指示灯。按下启动按钮 X1，说明指示灯的动作过程，并分析动作原理。

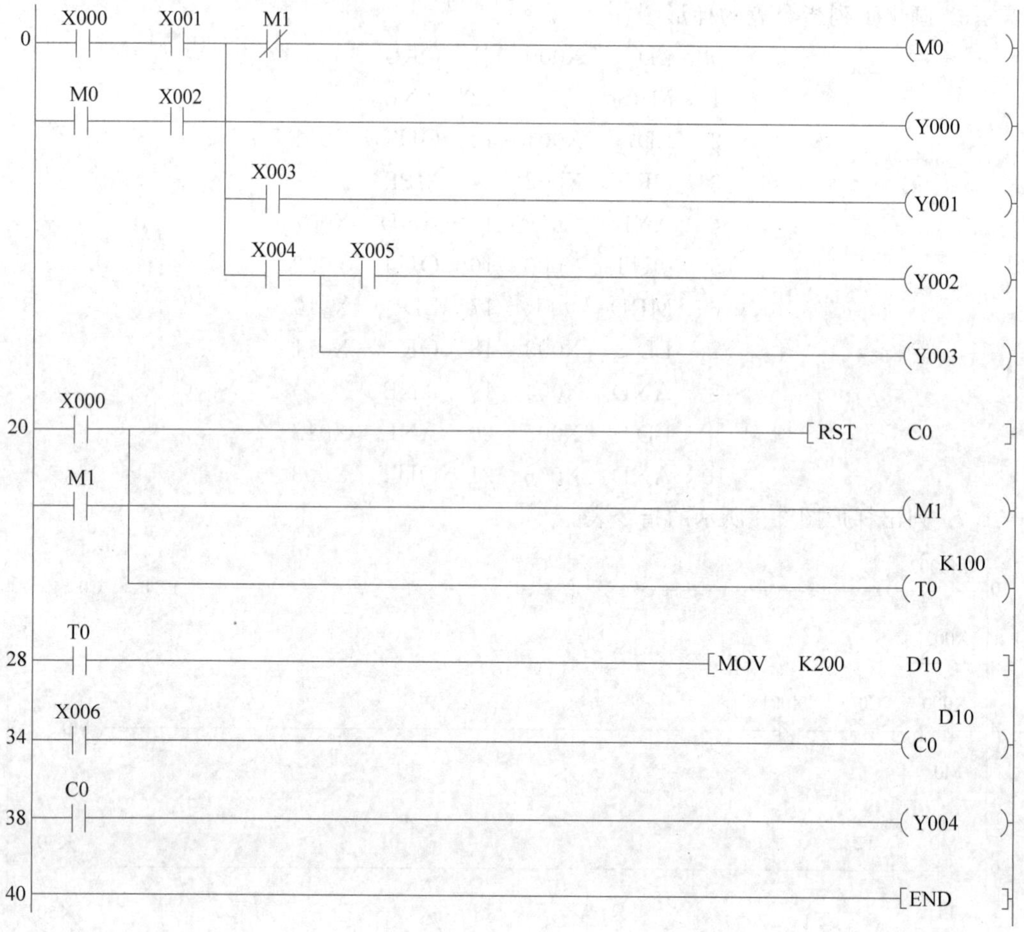

```
         X000    X001    M1
0    ┤├──────┤├──────┤/├───────────────────────────────────( M0 )

         M0     X002
     ┤├──────┤├──────────────────────────────────────────( Y000 )

                         X003
                     ┤├────────────────────────────────────( Y001 )

                         X004    X005
                     ┤├──────┤├──────────────────────────( Y002 )

                                                          ( Y003 )

         X000
20   ┤├──────────────────────────────────────────[ RST    C0 ]

         M1
     ┤├───────────────────────────────────────────────────( M1 )

                                                          K100
                                                          ( T0 )

         T0
28   ┤├──────────────────────────────────────[ MOV   K200   D10 ]

         X006                                              D10
34   ┤├──────────────────────────────────────────────────( C0 )

         C0
38   ┤├──────────────────────────────────────────────────( Y004 )

40   ───────────────────────────────────────────────────[ END ]
```

题图 3-7

```
         X000                                              K5
0    ┤├───────────────────────────────────────────────────( C1 )

         C1                                                K4
4    ┤├───────────────────────────────────────────────────( C2 )

         C1
8    ┤├──────────────────────────────────────────[ RST    C1 ]

         X001
     ┤├──┘

         X001
12   ┤├──────────────────────────────────────────[ RST    C2 ]

         C2
15   ┤├──────────────────────────────────────────────────( Y001 )

17   ───────────────────────────────────────────────────[ END ]
```

题图 3-8

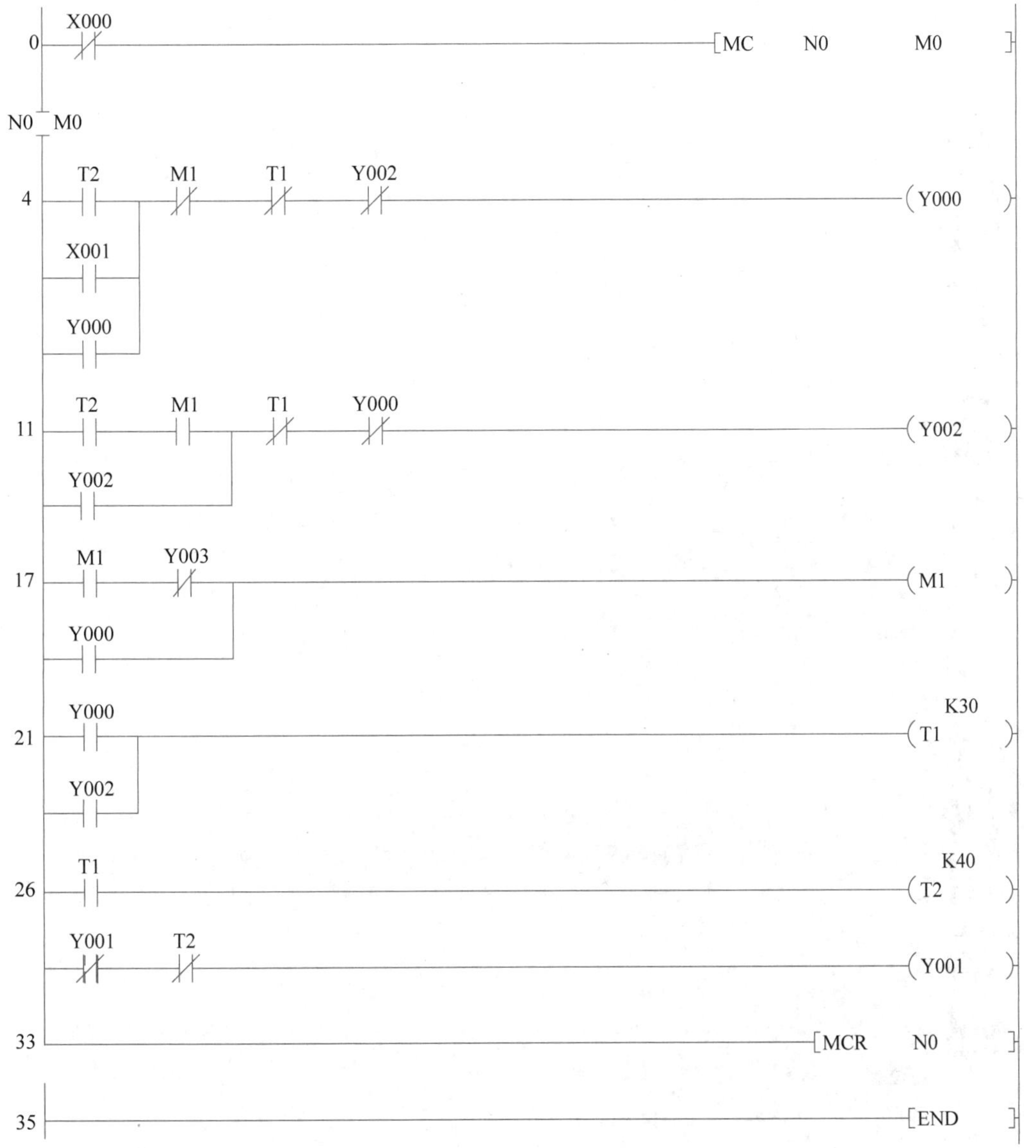

```
0    X000                                              ┌MC    N0      M0  ┐
     ─│/├─────────────────────────────────────────────┤                 ├

N0   M0
├──┤
4    T2      M1      T1      Y002                                  (Y000    )
     ─┤├─────┤/├─────┤/├─────┤/├──────────────────────────────────
     X001    │
     ─┤├─────┤
     Y000    │
     ─┤├─────┘

11   T2      M1      T1      Y000                                  (Y002    )
     ─┤├─────┤├──────┤/├─────┤/├──────────────────────────────────
     Y002    │
     ─┤├─────┘

17   M1      Y003                                                 (M1      )
     ─┤├─────┤/├──┐────────────────────────────────────────────
     Y000        │
     ─┤├─────────┘

                                                                   K30
21   Y000                                                         (T1      )
     ─┤├──────┐───────────────────────────────────────────────
     Y002     │
     ─┤├──────┘

                                                                   K40
26   T1                                                           (T2      )
     ─┤├─────────────────────────────────────────────────────

     Y001    T2                                                   (Y001    )
     ─│/├────┤/├──────────────────────────────────────────────

33   ─────────────────────────────────────────────────┤MCR    N0  ┐

35   ──────────────────────────────────────────────────────┤END ┐
```

题图 3-9

第 4 章

PLC编程与应用基础

掌握基本逻辑指令编程与应用,是学会较复杂PLC控制系统的基础。本章讲解常见的PLC基本控制电路,以及常用的PLC编程方法、思路和技巧。

4.1 控制系统设计基础

PLC在工业控制领域得到广泛应用,它替代了复杂顺序控制的继电柜,逐渐进入过程控制、闭环控制等领域。

4.1.1 控制系统设计基本原则

控制系统必须满足生产设备或生产过程的控制要求,同时符合工艺需求,从而提高生产效率和生产质量。控制系统在设计过程中应遵循以下基本原则。

(1)最大限度地满足用户提出的各种性能指标。根据实际需求,多了解工程应用的场合,可以实地调查研究,收集相关资料,多用用户和技术人员交流沟通。

(2)在满足控制要求的情况下,力求使控制系统简单、经济、实用且方便维护。

(3)控制系统的设计必须保证安全可靠。

(4)要有超前意识,当系统或生产工艺改进时,PLC应该保留一定冗余点数。

4.1.2 控制系统设计的基本内容

控制系统设计的基本内容如下。

(1)清晰把控设计任务和设计要求。分析被控对象的工艺过程及工作特点,了解各种执行机构之间的协同配合,机、电、液之间的工作过程,确定控制方案,制定任务书。

(2)确定输入/输出设备。输入/输出设备是PLC选型的重要依据,要明确输入设备的类型(控制按钮、操作开关、行程开关、传感器等)、输出设备的类型(指示灯、接触器、继电器、阀门、电动机);要明确输入/输出设备的数量,进行分类汇总;要明确是模拟量控制还是数字量、开关量控制。

(3)PLC控制器选型。如果用户有特定要求,如指定某种PLC类型,就只考虑相关的技术要求,如输入/输出点数等;如果没有特定要求,就考虑熟悉的机型,然后进行容量的选择、电源模块的选择、通信模块的选择等。

(4)I/O端口的分配以及端口接线图。画出输入/输出设备与PLC输入/输出端口之间的对应关系表(I/O端口分配);设计PLC外围电路硬件连线图,即电气图纸,包括主电路和未进入PLC的控制电路。

(5)程序设计。通常情况下可以采用梯形图(LAD)或步进顺序控制(SFC)的方式进行编程,主体程序编制完成后,需要根据实际的工程要求进行程序的修改,在保证控制功能的正确执行的同时,也确保系统运行安全、稳定、可靠。

(6)硬件实施。一般硬件设备采用标准设备进行设计,特殊应用领域采用非标设备。在硬件实施过程中,首先考虑控制柜(台)的电气布置及安装接线图,设计系统各部分之间的电气连接图,根据施工图纸进行现场接线。

(7)编写控制系统的软件(设计过程中程序存在设计、测试、修改、测试等反复调试过程）。全部调试完毕后,经过运行验证,如果运行正常,可以将程序固化到程序存储器中。

4.1.3 PLC控制系统设计中注意的问题

1. PLC 的选型

目前市场上有不同类型的 PLC,功能不一样,价格差别也很大,在设计过程中主要根据用户要求来考虑。不管哪种类型的 PLC,都需要考虑以下五方面。

(1) 容量:一般而言,PLC 的容量只能初步估算,估算出总的容量后,按估算容量的 $50\%\sim100\%$ 的预留裕度。

(2) I/O 点数:根据控制系统的要求,确定所需要的 I/O 总点数,在此基础上预留 $15\%\sim20\%$ 的冗余点数,为系统的工艺改造等预留余地。

(3) 负载类型:不同的负载必须和 PLC 的输出端口匹配,一般而言,PLC 的输出接口分为继电器输出类型、晶体管输出类型和晶闸管输出类型。继电器输出适用于交、直流负载,其特点是带负载能力强,由于其导通电压小,具有隔离作用,价格便宜,承受的瞬时过电压和过电流的能力较强,但动作频率与响应速度慢。晶体管输出适应于直流负载,其特点是响应速度快,开关频率高。晶闸管输出适应于交流负载,响应速度快,带负载能力不强。频繁通断的感性负载,应选用晶体管输出类型或晶闸管输出类型。

(4) 联网通信:如果需要网络通信的功能,需要增加相应的网络通信模块。通常情况下,大、中型 PLC 都具有通信功能,部分小型机也具有通信功能。目前,大型企业,尤其是汽车厂等智能制造企业,一般采用工业 4.0 的标准进行建设,形成自动化网络系统,所采用的 PLC 需要具有联网通信的功能。

(5) 结构形式:PLC 一般分为整体式和模块式。一般小型控制系统采用整体式结构,价格便宜,体积小。较为复杂的控制系统中一般采用模块化结构,主要原因是其功能扩展灵活,维修较为方便。

2. I/O 模块的选择

根据输入/输出信号的不同,I/O 模块分为数字量输入模块、数字量输出模块,模拟量输入模块、模拟量输出模块。选择 I/O 模块前,应该明确控制系统哪些信号是输入信号,哪些信号是输出信号,输入信号由输入模块进行变送,输出信号由输出模块进行变送。如果输入信号为开关量,则用数字量模块;如果输入信号为模拟量,则选择模拟量模块。

4.1.4 控制系统可靠性设计

系统可靠性设计主要包括供电设计、接地设计和冗余设计。

1. 供电设计

供电设计主要包括 CPU 工作电源设计和 I/O 模块工作电源设计。PLC 的正常工作电源一般为工频电(220V/50Hz),但由于受电网波动等多方面的干扰,通常情况下,在 CPU 电源设计时可采用隔离变压器、交流稳压器、UPS 电源等措施。I/O 模块工作电源是系统中的传感器、执行机构、各种负载与 I/O 模板之间的供电电源,在实际控制系统中一般采用24V直流电源或220V交流电源。

2．接地设计

为了保证系统的安全性，降低噪声干扰，控制系统需要正确接地。常用的接地方式有浮地、电容接地和直接接地。集中布置的 PLC 控制系统一般采用并联一点接地的方式，各控制柜的柜体中心采用单独一点接地的方式。

3．冗余设计

冗余设计是在保证系统可靠工作的基础上，人为地给某些关键环节设计了多余的部分，使其具有更高的可靠性，减少故障。

4.2 梯形图设计的基本规则

梯形图是 PLC 程序设计的一种常用的编程语言，广泛应用于工业现场的程序设计。特别注意：梯形图中的触点可以在程序中无限次使用，它不像实物继电器那样受实际安装触点数量的限制；梯形图中的某个"常开""常闭"触点的状态是唯一的，不可能存在同时为"0"或同时为"1"的情况。

在编写梯形图时必须遵循以下基本规则。

（1）梯形图中每一逻辑行从左到右排列，以触点与左母线连接开始，以线圈与右母线（右母线可以省略不画）连接结束。

（2）逻辑电路并联时，宜将串联触点多的电路放在上方，即"上重下轻"原则。如图 4-1(a)要使用并联电路块指令 ORB，而改为图 4-1(b)只要用 OR 指令即可。

```
   X000        X003
   ─┤├─────────┤├────────────────────────────────( Y000 )

   X001   X002
   ─┤├────┤├─
```

(a)

```
   X001   X002   X003
   ─┤├────┤├────┤╱├─────────────────────────────( Y000 )

   X000
   ─┤├─
```

(b)

图 4-1 遵循"上重下轻"原则布置梯形图

（3）逻辑电路串联时，宜将并联电路放在左方，即"左重右轻"原则。如图 4-2(a)并联电路块放在中间要用 ANB 指令，而改为图 4-2(b)则能节省语句。

（4）线圈输出时，能用纵接输出的，就不要用多重输出。图 4-3(a)为多重输出，在触点 X2 的前方并联输出 Y1 线圈要使用 MPS、MRD、MPP 指令，图 4-3(b)为纵接输出，不必使用多重输出指令。

（5）用基本指令编程，不可以出现"双线圈"现象。双线圈是指在程序的多处使用同一编号的线圈的现象。程序执行双线圈时，以后面线圈的动作优先，如图 4-4 所示。

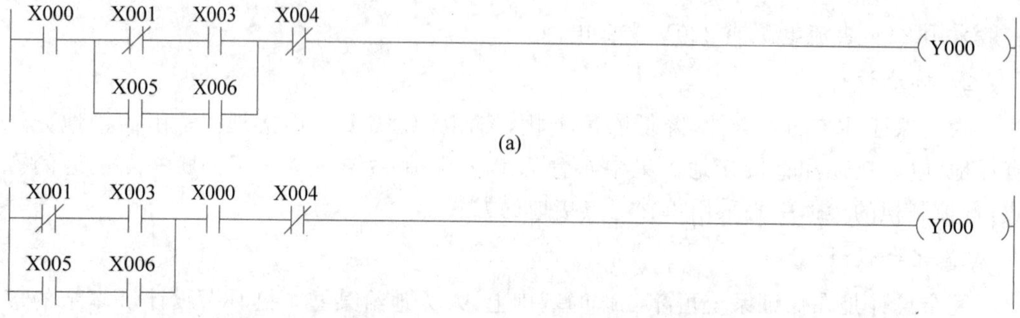

(a)

(b)

图 4-2　遵循"左重右轻"原则布置梯形图

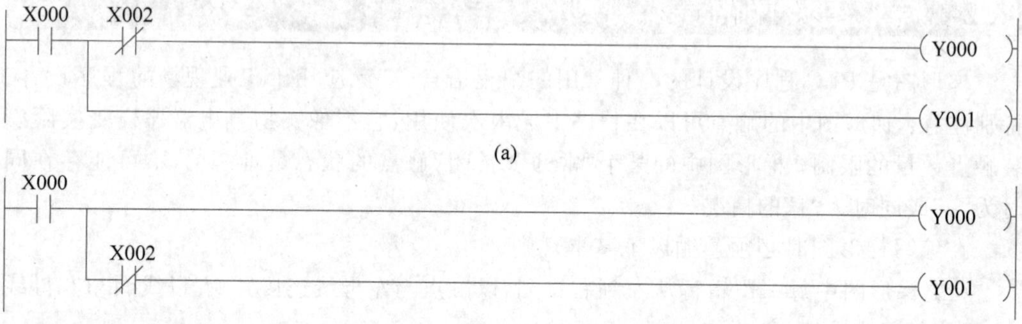

(a)

(b)

图 4-3　遵循"能纵接,不多重"原则布置梯形图

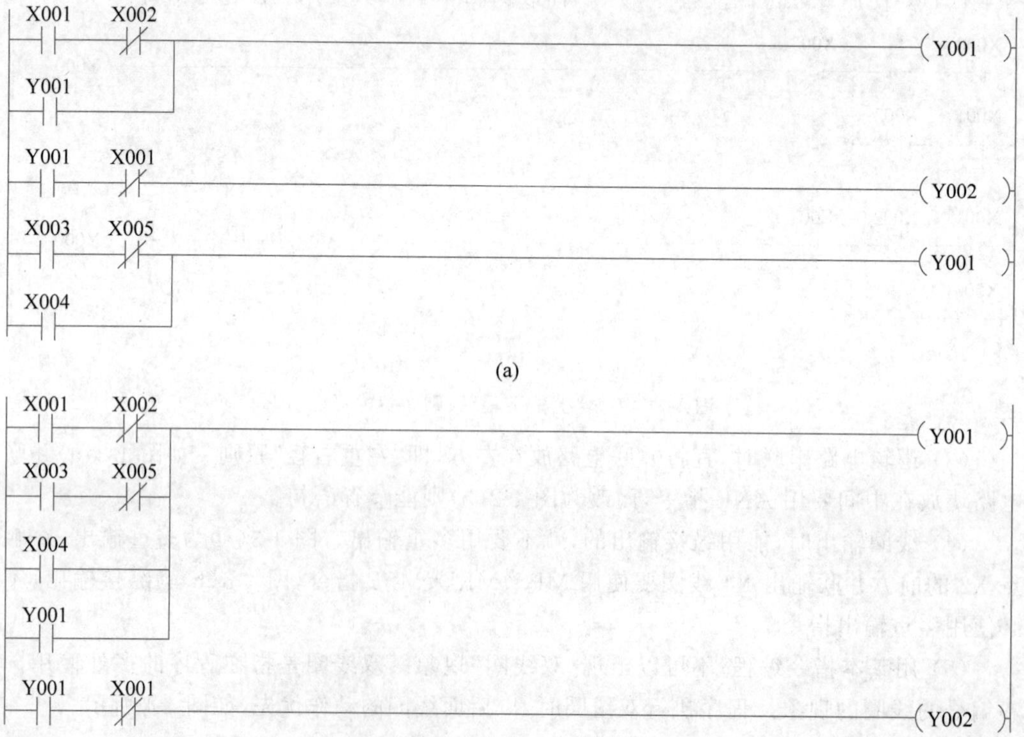

(a)

(b)

图 4-4　不能出现"双线圈"布置梯形图

（c）

图 4-4 （续）

4.3 常见的基本控制电路

　　PLC 控制对象的控制要求多种多样，大多数功能可以进行模块化分解，每个基本模块对应一个基本控制电路。为了掌握 PLC 程序设计的方法和技巧，尽快提升 PLC 程序设计能力，尤其对编程方法、编程效率、程序可靠性等方面有较大的提升。以下是几种常用基本电路的程序设计介绍。

4.3.1 启保停程序

　　启保停电路即启动、停止、保持电路，是控制系统设计最典型的基本电路。如果使用自锁（自保持电路），则梯形图相对较简单，图 4-5（a）所示。如果使用 SET、RST 指令，则启保停电路包含了两个要素：一方面是使线圈置位并保持的条件；另一方面是线圈复位并保持的条件。启保停电路梯形图如图 4-5（b）所示。

（a）

（b）

图 4-5 启保停电路梯形图（停止优先）

　　上述两个梯形图都为"停止优先"，即如果启动按钮 X0 和停止按钮 X1 同时按下，则驱动输出为逻辑 0,即断开状态。如果要改为"启动优先",则梯形图如图 4-6 所示。

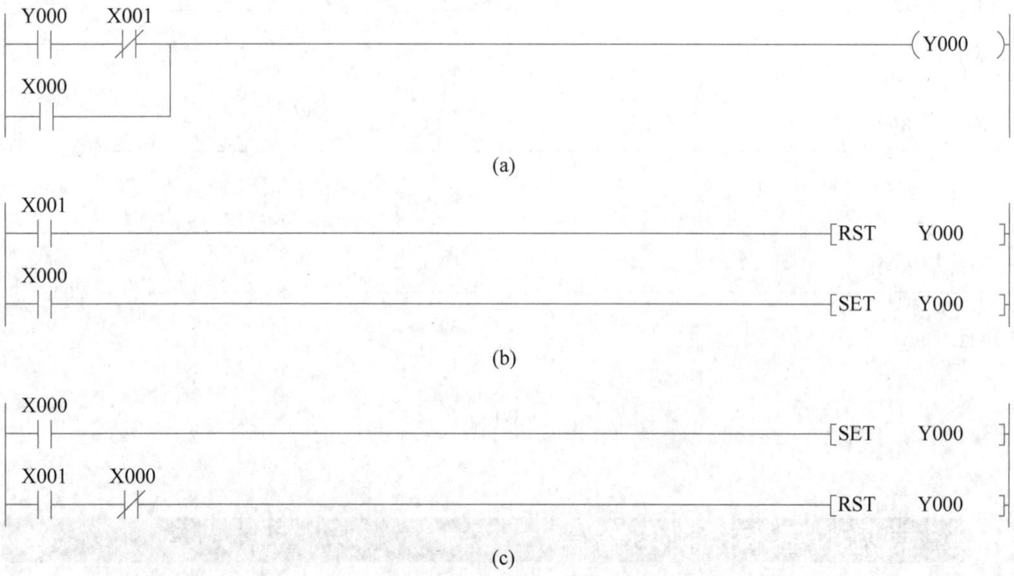

(a)

(b)

(c)

图 4-6 启保停电路梯形图(启动优先)

4.3.2 互锁、连锁与自锁电路

互锁与连锁控制是 PLC 控制程序中常见的控制功能,互锁就是在两个或两个以上的输出网络中,只能保证其中任意一个继电器接通输出,避免两个或两个以上的输出同时接通。在电动机的正、反转及星-三角变换等切换电路中,为了保证系统运行安全,必须引入互锁环节。连锁就是在工业控制系统中,控制对象是以另一个控制对象动作为前提才能动作。

互锁控制:互锁电路如图 4-7 所示,图中输出线圈 Y001 和 Y002 网络中,其输出的动断触点分别接在对方网络中,如果其中一个输出接通,那么另外一个输出就不能再接通,保证任何时候两个输出不能同时接通,即锁定控制。其中 Y001 和 Y002 的动断触点为互锁触点。

自锁控制:图 4-7 中输出线圈 Y001 和 Y002 网络中,由于动合触点 Y001 和 Y002 分别与 X000 和 X001 并联,按下 X000,Y001 就会接通并保持,或者按下 X001,Y002 就会接通并保持。

图 4-7 互锁和自锁电路梯形图

4.3.3　闪烁电路

由两个定时器可以组成一个闪烁电路(又称多谐振荡器)。闪烁电路梯形图如图 4-8 所示。

图 4-8　闪烁电路梯形图

4.3.4　延时断开电路

由一拨动开关 X0 及定时器 T0 可以组成延时断开电路。延时断开电路梯形图如图 4-9 所示。

图 4-9　延时断开电路梯形图

4.3.5　二分频电路

由定时器和计数器可构成二分频电路。二分频电路梯形图如图 4-10 所示。

图 4-10 中,初始脉冲 M8002 使 C0 复位清零。接通 X0,则 T0、T1 构成脉宽为 1s 的脉冲发生器。C0 的设定值 $K=2$,则 Y0 接通 2 次,Y1 才接通 1 次,构成二分频电路。如果将 C0 的 K2 改为 C0 的 K4,则构成四分频电路。

4.3.6　长延时电路

由定时器和计数器可以构成长延时电路。长延时电路梯形图如图 4-11 所示。图 4-11 中按下 X0 后,延时 4h,Y0 得电。

图 4-10 二分频电路梯形图

图 4-11 长延时电路梯形图

4.3.7 三相异步电动机 Y-△降压启动

图 4-12 为三相异步电动机 Y-△降压启动电路。Y 启动时，KM1、KM3 得电；延时后，KM1、KM2 得电，为△正常运行。

设计过程如下。

(1) 控制电路的逻辑功能：

$$KM1 = \overline{FR} \cdot \overline{SB1} \cdot (SB2 + KM1)$$

$$KT = \overline{FR} \cdot \overline{SB1} \cdot (SB2 + KM1) \cdot \overline{KM2}$$

$$KM3 = \overline{FR} \cdot \overline{SB1} \cdot (SB2 + KM1) \cdot \overline{KM2} \cdot \overline{KT}$$

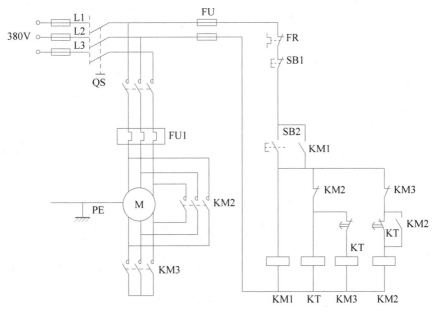

图 4-12　三相异步电动机 Y-△降压启动电路

$$KM2 = \overline{FR} \cdot \overline{SB1} \cdot (SB2 + KM1) \cdot \overline{KM3} \cdot (KT + KM2)$$

（2）确定 I/O 端口分配，如表 4-1 所示。画出硬件连线图，如图 4-13 所示。

表 4-1　I/O 端口分配

输　　入		输　　出	
输入设备（符号）	PLC 输入对应端口	输出设备（符号）	PLC 输出对应端口
过载保护开关（FR）	X0	主电路通断（KM1）	Y1
停止按钮（SB1）	X1	三角形控制（KM2）	Y2
启动按钮（SB2）	X2	星型控制（KM3）	Y3

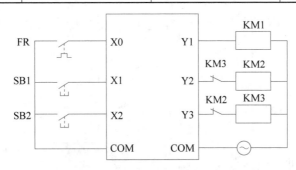

图 4-13　硬件连线图

（3）根据已确定的端口分配表写出输出逻辑表达式：

$$Y1 = \overline{X0} \cdot \overline{X1} \cdot (X2 + Y1)$$

$$T0 = Y1 \cdot \overline{Y2}$$

$$Y3 = Y1 \cdot \overline{Y2} \cdot \overline{T0}$$

$$Y2 = Y1 \cdot \overline{Y3} \cdot (T0 + Y2)$$

画出控制电路梯形图,如图 4-14 所示。

图 4-14　控制电路梯形图

4.3.8　三相异步电动机的正、反转

图 4-15 为三相异步电动机的正、反转控制电路。

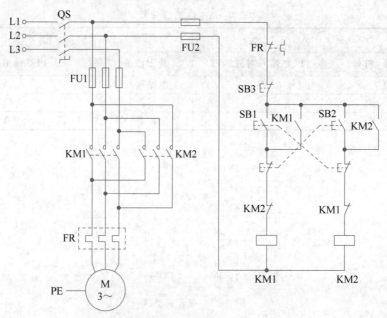

图 4-15　三相异步电动机的正、反转控制电路

设计过程如下。

(1) 确定 I/O 端口分配,如表 4-2 所示。

表 4-2　I/O 端口分配

输入信号		输出信号	
元件名称(符号)	输入编号	元件名称(符号)	输出编号
正转启动按钮(SB1)	X000	正转控制接触器(KM1)	Y000
反转启动按钮(SB2)	X001	反转控制接触器(KM2)	Y001
停止按钮(SB3)	X002		
热继电器触点(FR)	X003		

（2）画出主电路及正、反转控制电路硬件连线图,如图 4-16 所示。

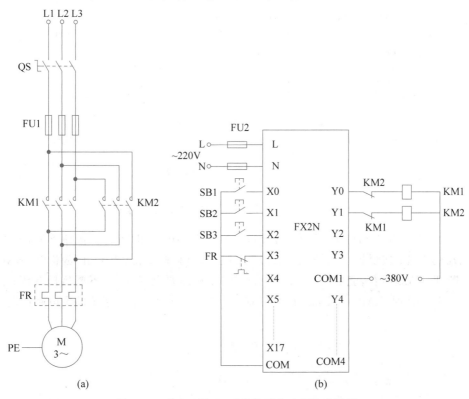

图 4-16　主电路及正、反转控制电路硬件连线图

（3）直接根据继电控制线路翻译所得梯形图,如图 4-17 所示。由图可以发现,该梯形图并没有完全遵循编程规则。

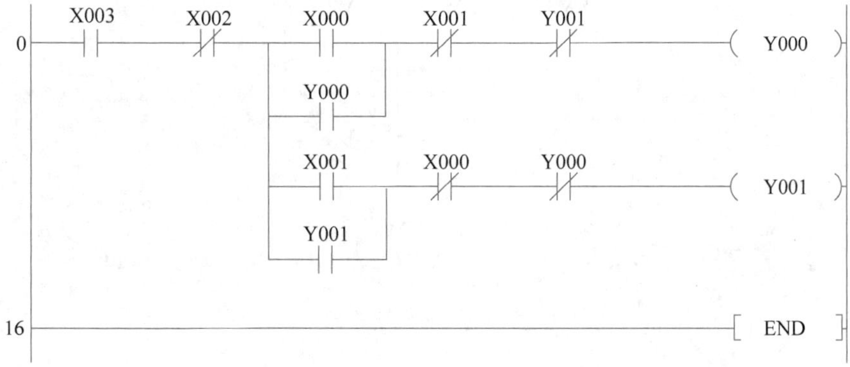

图 4-17　直接根据继电器控制线路翻译所得梯形图

按照"左重右轻"的原则,把等电位点的位置采用主控方式处理,其他部分按照编程规则可以调整,如图 4-18 所示。

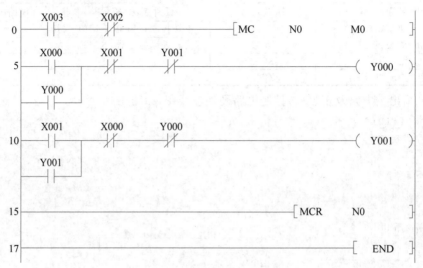

图 4-18 "主控方式"梯形图

4.3.9 设计一个三相电动机正、反转能耗制动的控制系统

设计一个三相电动机正、反转能耗制动的控制系统,按正转启动按钮 SB1,KM1 吸合,电动机正转;按反转启动按钮 SB2,KM2 吸合,电动机反转;按停止按钮 SB,KM1 或 KM2 断开,KM3 吸合,能耗制动,制动时间为 4s,只需要电气互锁,不要机械互锁;当热继电器 FR 动作时,KM1 或 KM2 或 KM3 释放,电动机自由停车。系统的主电路如图 4-19 所示。

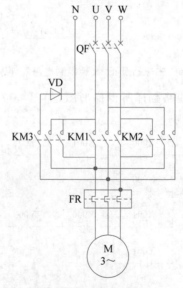

图 4-19 系统主电路

设计过程如下。

(1) 确定 I/O 端口分配,如表 4-3 所示。

表 4-3　I/O 端口分配

输　　入		输　　出	
输入设备(符号)	PLC 输入对应端口	输出设备(符号)	PLC 输出对应端口
停止按钮(SB)	X0	正转接触器(KM1)	Y0
正转启动按钮(SB1)	X1	反转接触器(KM2)	Y1
反转启动按钮(SB2)	X2	制动接触器(KM3)	Y2
热继电器动合触点(FR)	X3		

(2) 画出 I/O 端口硬件连线图,如图 4-20 所示。

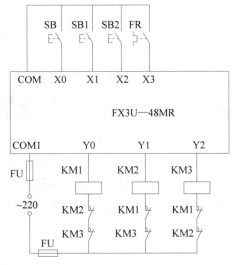

图 4-20　I/O 端口硬件连线图

(3) 画出三相电动机正、反转能耗制动梯形图,如图 4-21 所示。

图 4-21　三相电动机正、反转能耗制动梯形图

（4）画出三相电动机正、反转能耗制动电路，如图 4-22 所示。

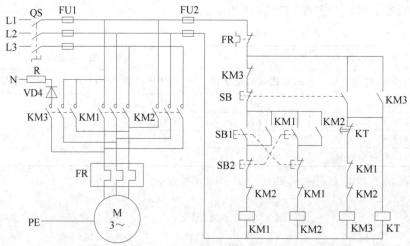

图 4-22　三相电动机正、反转能耗制动电路

4.4　按时间原则编程

在很多的工程问题中，其控制顺序按照时间先后顺序进行，因此可以利用时间主线作为控制逻辑切换的条件，即按时间原则进行编程。按时间原则编程时，要用到定时器，一般而言，定时器的使用有两种方式：一种是定时器和线圈分开编程的方式，如图 4-23（a）所示；另一种是定时器与驱动线圈混合编程的方式，各动作在一个逻辑行中完成，如图 4-23（b）所示。

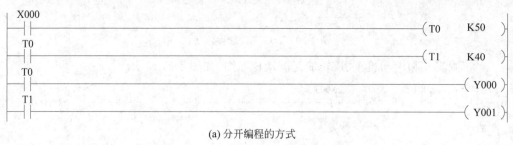

(a) 分开编程的方式

(b) 混合编程的方式

图 4-23　定时器和线圈分开编程方式与混合编程的方式

按时间原则编程的基本步骤如下。

(1) 根据控制系统的要求画出输出控制的时序图,对于简单的控制也可以根据功能要求直接画梯形图。

(2) 确定控制系统输出的循环周期,把循环周期分成若干时间段。时间段划分的原则是,只要这一段时间内系统的输出不同就要自成一段。

(3) 根据划分的时间段确定程序中使用的定时器个数,原则是有几个时间段就用几个定时器,并根据这一时间段的时间确定定时器的时间常数。

(4) 根据输出的得电条件和失电条件编写PLC的梯形图程序。其中输出的得电条件是这一段输出对应的定时器的动合触点,输出的失电条件是这一段输出对应的下一个定时器的动断触点。在一个周期内,执行元件有几次输出就由几个并行的控制逻辑组成,每一个并行控制有各自的得电条件和失电条件。

例 4-1 4 台电动机 M1、M2、M3、M4 按顺序启动,按反顺序停止,启动的顺序 M1→M2→M3→M4,时间间隔为 3s、4s、5s,停止的顺序为 M4→M3→M2→M1,时间间隔为 5s、4s、3s。为了设备检修方便,每台电动机可以单独启动,单独停止,试画出 I/O 端口分配表、硬件连线图以及梯形图。

设计过程如下。

(1) 确定 I/O 端口分配,如表 4-4 所示。

表 4-4 I/O 端口分配

输 入		输 出	
工作状态	PLC 输入对应端口	输出设备(符号)	PLC 输出对应端口
系统启动	X0	输出继电器 KM1	Y1
系统停止	X1	输出继电器 KM2	Y2
M1 启动	X2	输出继电器 KM3	Y3
M1 停止	X3	输出继电器 KM4	Y4
M2 启动	X4		
M2 停止	X5		
M3 启动	X6		
M3 停止	X7		
M4 启动	X10		
M4 停止	X11		

(2) 画出 I/O 端口硬件连线图,如图 4-24 所示。

(3) 画出 4 台电动机顺序工作的梯形图,如图 4-25 所示。

程序编程过程中,首先对系统启动和停止进行编写,顺序启动和反顺序停止是比较容易编写的;然后针对检修过程中单独启动、单独停止进行编写;最后根据工程实际考虑系统应该修改和完善的部分,如 T5 是否需要。

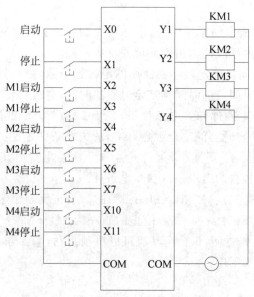

图 4-24　I/O 端口硬件连线图

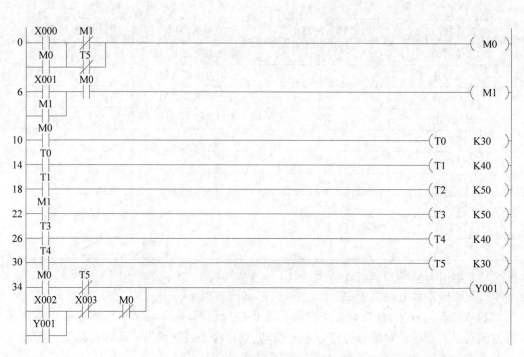

图 4-25　4 台电动机顺序工作的梯形图

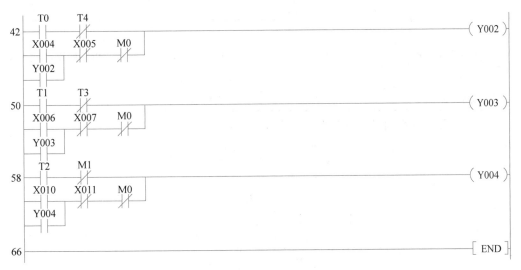

图 4-25 （续）

例 4-2 如图 4-26 所示，要求小车来回装、卸货三次。在 A 点装货，装货时间 1min；在 B 点卸货，卸货时间 2min，试画出 I/O 端口分配图、硬件连线图及梯形图。

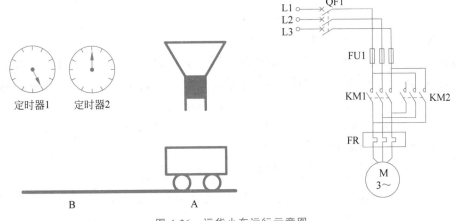

图 4-26 运货小车运行示意图

设计过程如下。

（1）确定 I/O 端口分配表，如表 4-5 所示。

表 4-5 I/O 端口分配

输　　入		输　　出	
输入设备（符号）	PLC 输入对应端口	输出设备（符号）	PLC 输出对应端口
启动按钮（SB1）	X0	左行接触器（KM1）	Y0
装料限位开关（SQ1）	X1	右行接触器（KM2）	Y1

续表

输　入		输　　出	
输入设备（符号）	PLC 输入对应端口	输出设备（符号）	PLC 输出对应端口
卸料限位开关（SQ2）	X2	装料电磁阀（KV1）	Y2
过载保护开关（FR）	X3	卸料电磁阀（KV2）	Y3

（2）画出 I/O 端口硬件连线图，如图 4-27 所示。

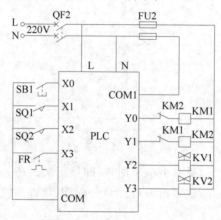

图 4-27　I/O 端口硬件连线图

（3）画出工作时序图，如图 4-28 所示。

时序图分析：按下 X0 启动，开始装货（Y2＝1），同时 T0 开始计时（T0＝0），计数器 C0＝0，此时限位开关 X1＝1；T0 计时结束后（T0＝1），开始左行（Y0＝1），直到碰触到限位开关（X2＝1）时停止左行；T1 计时器开始，开始卸货（Y3＝1），同时 T1 开始计时（T1＝0），直到计时结束；T1 计时器结束后（T1＝1），开始右行（Y1＝1），直到碰触到限位开关（X1＝1）时停止右行；周期结束。

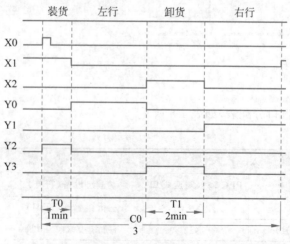

图 4-28　工作时序图

（4）画出运货小车工作的梯形图，如图 4-29 所示。

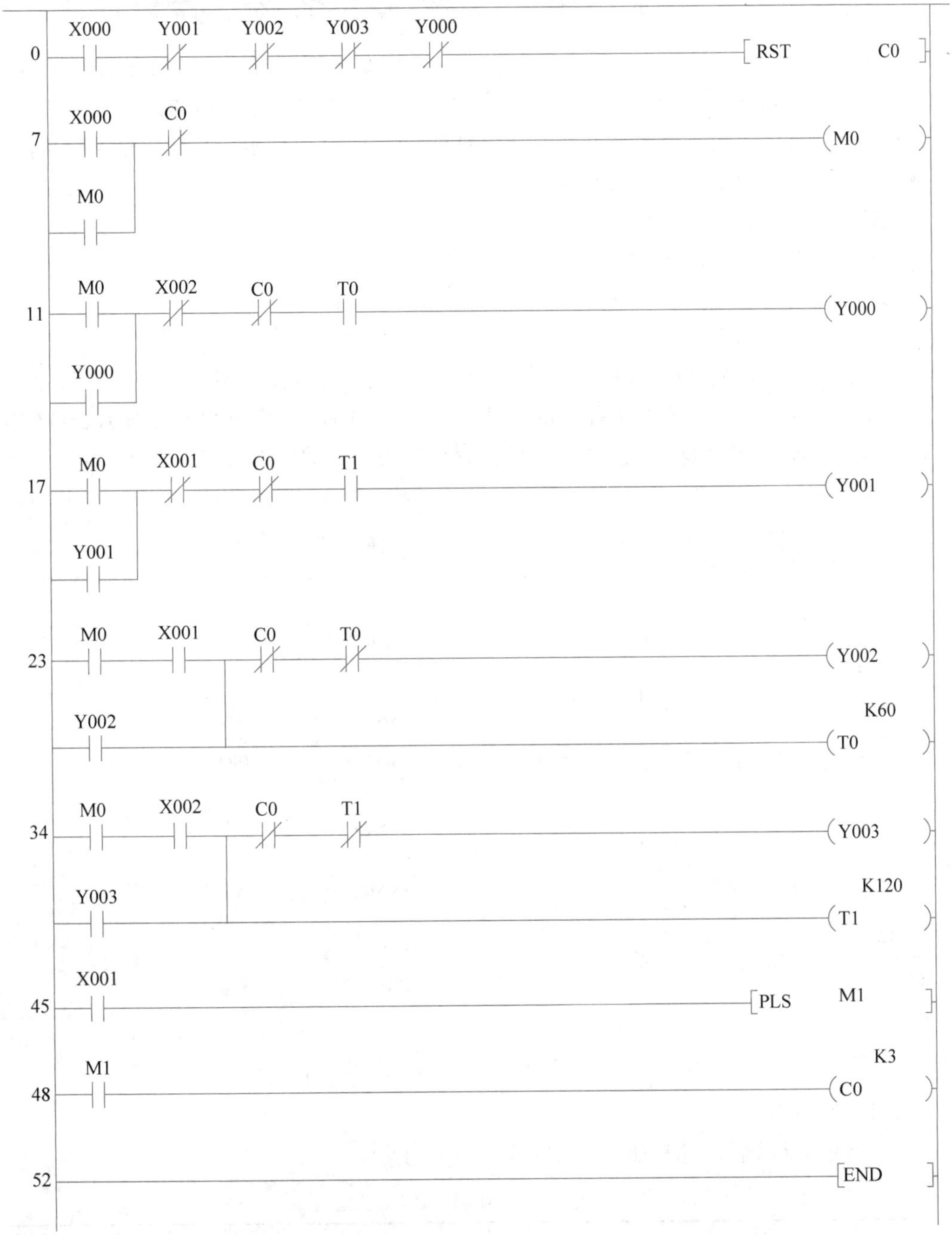

图 4-29　运货小车工作的梯形图

在生产过程自动化中,按空间原则控制的 PLC 控制系统应用广泛,如滑台工作系统、自动化流水线系统等。在很多工程中都会遇到按空间原则进行控制的问题。按空间原则编写 PLC 程序,一般要用到行程开关。行程开关受压力(或撞击),其动断触点断开,动合触点接通。之后,触点复位。编程时要注意这些特点。

按空间原则编程的基本步骤如下。

(1) 根据控制要求,明确输入/输出信号个数。

(2) 根据电气控制图列出逻辑表达式(简单的控制可以省略)。

(3) PLC 的 I/O 端口分配及硬件接线。

(4) 通过模拟调试,检查程序是否符合控制要求,结合经验设计法进一步修改程序。

例 4-3 图 4-30 为行程开关控制的电动机正、反转电路,图中行程开关 SQ1、SQ2 作为往复运动控制用,而 SQ3、SQ4 作为极限位置保护用。试编写 PLC 控制电路图。

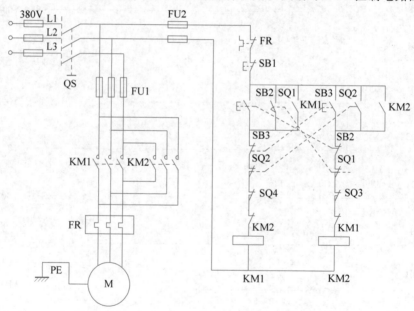

图 4-30 行程开关控制的电动机正、反转电路

设计过程如下。

(1) 确定 I/O 端口分配,如表 4-6 所示。

表 4-6 I/O 端口分配

输　　入		输　　出	
输入设备(符号)	PLC 输入对应端口	输出设备(符号)	PLC 输出对应端口
热继电器(FR)	X0	输出继电器(KM1)	Y1
系统启动按钮(SB1)	X1	输出继电器(KM2)	Y3

续表

输　　入		输　　出	
输入设备（符号）	PLC 输入对应端口	输出设备（符号）	PLC 输出对应端口
正转启动按钮(SB2)	X2	—	—
反转启动按钮(SB3)	X3	—	—
往复运动行程开关(SQ1)	X4	—	—
往复运动行程开关(SQ2)	X5	—	—
左端限位开关(SQ3)	X6	—	—
右端限位开关(SQ4)	X7	—	—

（2）画出 I/O 端口硬件连线图，如图 4-31 所示。

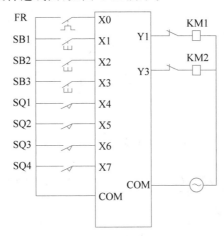

图 4-31　I/O 端口硬件连线图

（3）根据主控电路及端口分配表画出梯形图，如图 4-32 所示。

例 4-4　顺序控制方式设计梯形图——PLC 控制钻孔动力头，图 4-33 为动力头工作过程。

过程分析如下。

（1）动力头在原位，开始接入启动信号，开始接通电磁阀 YV1，动力头快进。

（2）动力头碰到限位开关 SQ1 后，接通电磁阀 YV1 和 YV2，动力头由快进转为工进。

（3）同时动力头电动机转动，其由 KM1 控制。

（4）动力头碰到限位开关 SQ2 后，开始延时 3s。

（5）延时时间到，接通电磁阀 YV3，动力头快退。

（6）动力头回到原位即停止。

设计过程如下：

（1）确定 PLC 控制钻孔动力头的 I/O 分配，如表 4-7 所示。

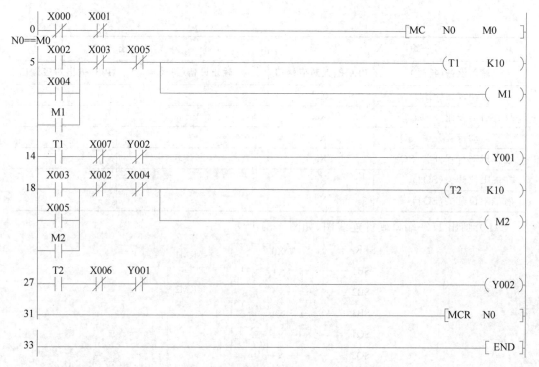

图 4-32　行程开关控制的电动机正、反转电路梯形图

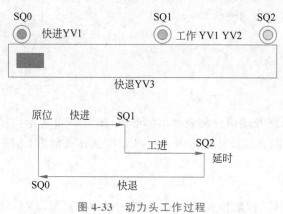

图 4-33　动力头工作过程

表 4-7　PLC 控制钻孔动力头的 I/O 分配

输　　入		输　　出	
输入设备（符号）	输入编号	输出设备（符号）	输出编号
启动按钮（SB1）	X000	电磁阀（YV1）	Y000
限位开关（SQ0）	X001	电磁阀（YV2）	Y001
限位开关（SQ1）	X002	电磁阀（YV3）	Y002
限位开关（SQ2）	X003	接触器（KM1）	Y003

（2）画出控制钻孔动力头的工作流程，如图 4-34 所示：

（3）按照顺序控制的结构形式通常 M_i 表示当前工作阶段，M_i-1 表示前一个，此时

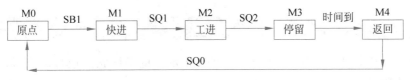

图 4-34　工作流程图

梯形图采用顺控结构,如图 4-35 所示。

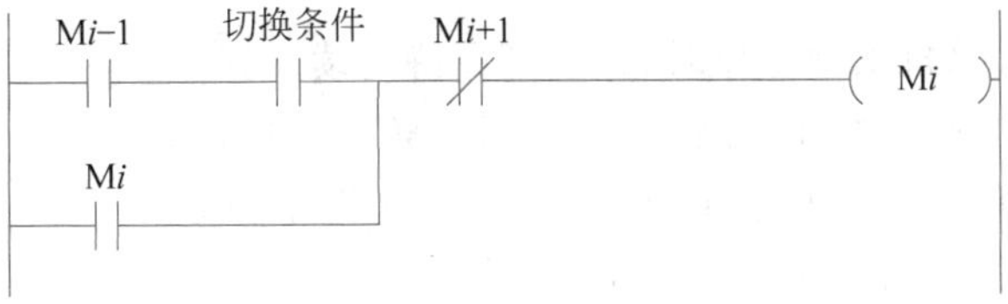

图 4-35　顺控结构

（4）按照工艺判断某个输出在哪几个 M 阶段接通,然后将这几个 M 并联即可,比如,Y000 在 $Mi-1$ 和 $Mi+2$ 阶段接通,此时对应的梯形图如图 4-36 所示。

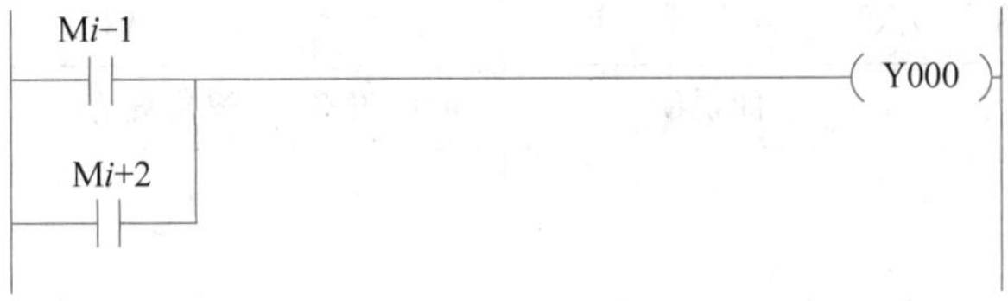

图 4-36　$Mi-1$ 和 $Mi+2$ 并联

（5）根据上述分析可得其主体功能的梯形图,如图 4-37 所示。

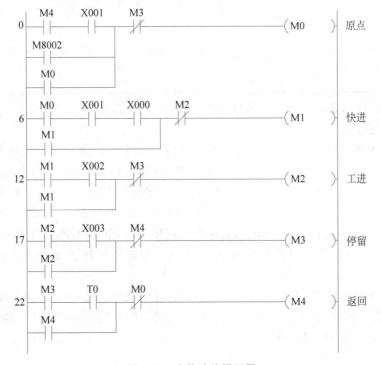

图 4-37　主体功能梯形图

4.6 应用案例

案例一　某车间排风系统,利用工作状态指示灯的不同状态进行监控,指示灯的输出状态要求如下。

(1)排风系统由 3 组风机构成,其中每组风机由 8 台风机组成,利用指示灯对风机组运行状态进行报警。

(2)2 组及以上风机正常工作时,指示灯保持连续发亮。

(3)只有 1 组风机工作时,指示灯以 0.5Hz 频率闪烁报警。

(4)所有风机组都不工作时,指示灯以 2Hz 频率闪烁报警。

根据控制系统的要求完成系统的控制功能。

设计过程如下。

(1)确定 I/O 端口分配,如表 4-8 所示。

表 4-8　I/O 端口分配

输　　入			输　　出		
输入设备	输入编号	功能说明	输出设备	输出编号	功能说明
1 号风机组	X001	X001 闭合为工作,X001 断开为停止	报警指示灯	Y001	2 组及以上风机组工作;1 组分风机组工作,0.5Hz 频率闪烁;无风机组工作,2Hz 频率闪烁
2 号风机组	X002	X002 闭合为工作,X002 断开为停止	报警蜂鸣器	Y002	驱动 B 组电动机工作
3 号风机组	X003	X003 闭合为工作,X003 断开为停止	—	—	—

(2)画出排风系统 I/O 端口硬件连线图,如图 4-38 所示。

(3)编写程序。

闪烁信号的控制:可以将程序分为指示灯闪烁信号程序、风机组工作状态检测程序、输出程序和蜂鸣器输出程序。FX2N、FX3U 的 PLC 定时器 T200～T245 的均为 10ms 时钟间隔,因此,要产生 2Hz 的频率的闪烁信号即要求闪烁周期为 0.5s,ON 和 OFF 的时间分别为 0.25s(250ms),定时器 T200、T201 的时间常数应设置为 K25。同理,如果产生 0.5Hz 频率的闪烁信号,要求闪烁周期为 2s,ON 和 OFF 的时间分别为 1s(1000ms),定时器 T202、T203 的时间常数应设置为 K100,闪烁信号控制程序梯形图如图 4-39 所示。

风机工作状态检测:根据端口分配表和硬件连线图,对 2 组及以上风机组工作、只有 1 组风机工作、没有风机工作三种情况进行编程,梯形图如图 4-40 所示,三种情况对应的辅助继电器分别为 M0、M3、M1。

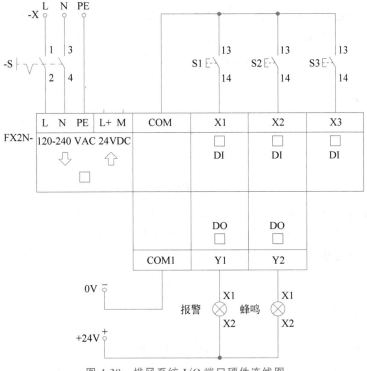

图 4-38　排风系统 I/O 端口硬件连线图

图 4-39　闪烁信号控制程序梯形图

图 4-40　风机组工作状态检测程序梯形图

指示灯输出程序：可以根据风机组运行状态与对应的报警灯要求,将以上两部分程序的输出信号进行合并,M0、M1、M3 实际上是对应的三种状态,三种状态恰恰是报警灯显示的三个条件。因此,指示灯输出程序梯形图如图 4-41 所示。

图 4-41　指示灯输出程序梯形图

蜂鸣器输出程序：根据对应的报警指示灯要求,当风机组都没有工作时,报警蜂鸣器一直发声。因此,程序必须具有自锁功能。前提是 M1 处于导通状态,即风机组都处于不工作状态。蜂鸣器输出程序梯形图如图 4-42 所示。

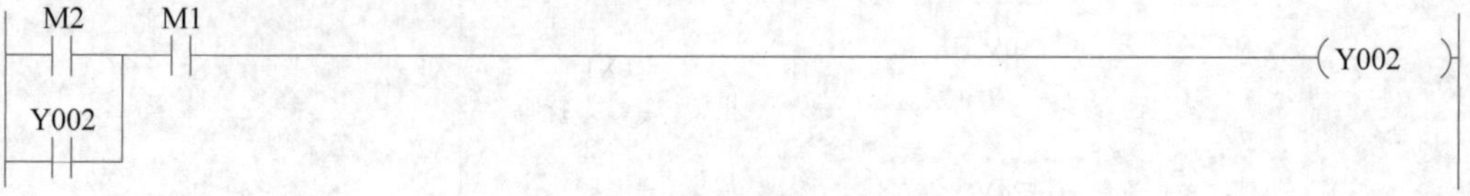

图 4-42　蜂鸣器输出程序梯形图

通过对上面四个模块的梯形图进行整合和完善,可以得到下面整个系统的控制程序。其完整的梯形图如图 4-43 所示。

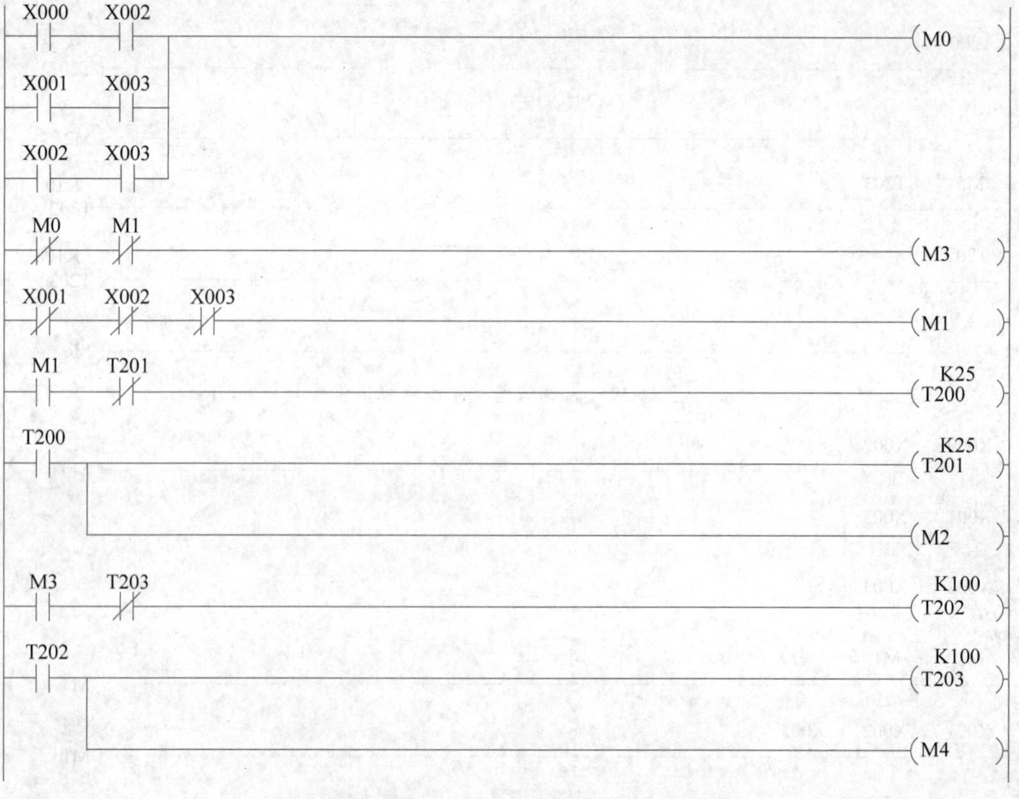

图 4-43　车间排风系统指示灯控制程序梯形图

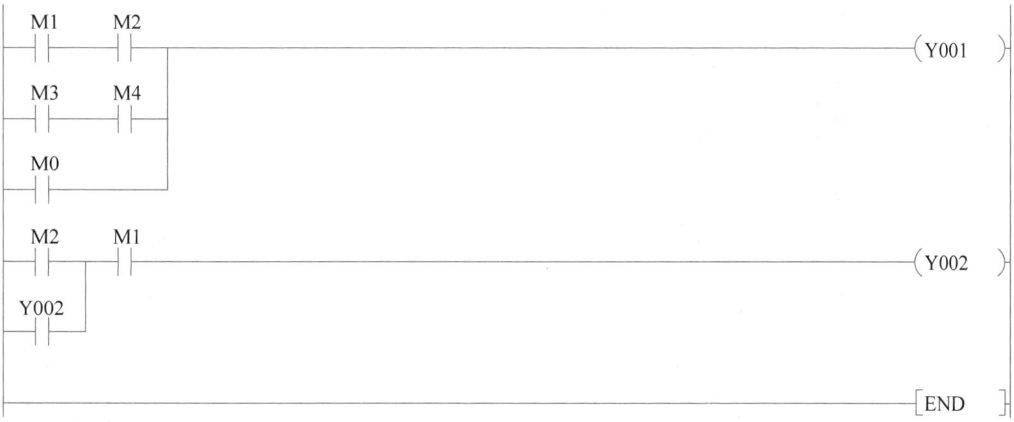

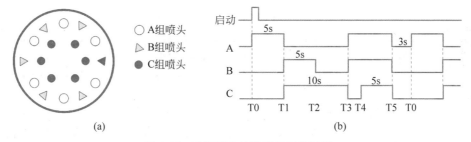

图 4-43 （续）

案例二 用两个按钮来控制 A、B、C 三组喷头工作,通过控制三个喷头的电动机来实现,系统的控制要求:当按下按钮后,A 组喷头先喷 5s 后停止;然后 B、C 组喷头同时喷,5s 后,B 组喷头停止,C 组喷头继续喷 5s 再停止;而后 A、B 组碰头喷 7s,C 组喷头在这 7s 的前 2s 内停止,后 5s 内喷水;随后 A、B、C 三组喷头同时停止 3s;以后重复前面过程。按下停止按钮后,三组喷头同时停止喷水。三组喷头的排列与工作时序如图 4-44 所示。

图 4-44 三组喷头的排列与工作时序

设计过程如下。

（1）确定 I/O 端口分配,如表 4-9 所示。

表 4-9 I/O 端口分配

输　　入			输　　出		
输入设备	输入编号	功能说明	输出设备	输出编号	功能说明
SB1	X000	启动控制	KM1	Y000	驱动 A 组电动机工作
SB2	X001	停止控制	KM2	Y001	驱动 B 组电动机工作
—	—	—	KM3	Y002	驱动 C 组电动机工作

（2）画出 I/O 端口硬件连线图,如图 4-45 所示。

（3）画出喷头控制程序梯形图,如图 4-46 所示。

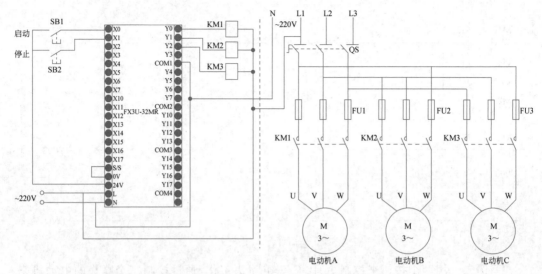

图 4-45　喷泉的 PLC 控制端口硬件连线图

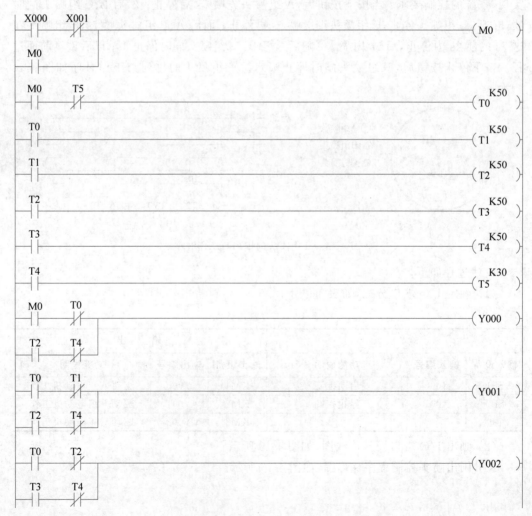

图 4-46　喷头控制程序梯形图

案例三 在库门的上方装设一个超声波探测开关,当人(车)进入超声波发射范围内时,开关检测出超声回波,从而产生输出电信号,由该信号启动接触器 KM1,电动机 M 正转使卷帘上升,开门。在库门的下方装设一套光电开关,检测是否有物体穿过库门,如图 4-47 所示。光电开关由两个部件组成:一个是能连续发光的光源;另一个是能接收光束,并能将之转换成电脉冲的接收器。当行人(车)遮断了光束,光电开关便检测到这一物体,产生电脉冲,该信号消失后,启动接触器 KM2,使电动机 M 反转,从而使卷帘开始下降,达到关门的目的。用行程开关 K1 和 K2 检测库门的开门上限和关门下限,用以停止电动机的转动。

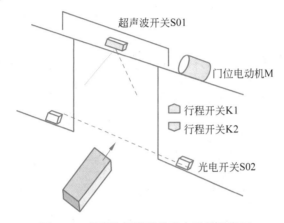

图 4-47 超声波探测开关光电开关示意图

设计过程如下。

(1) 确立 PLC 控制仓库门自动开闭 I/O 分配表,如表 4-10 所示。

表 4-10 仓库门自动开闭 I/O 分配

输 入		输 出	
输入设备	输入编号	输出设备	输出编号
超声波开关 S01	X000	正转接触器(开门)KM1	Y000
光电开关 S02	X001	反转接触器(关门)KM2	Y001
行程开关 K1	X002	—	—
行程开关 K2	X003	—	—

(2) 画出 I/O 端口硬件接线图,如图 4-48 所示。

(3) 画出控制系统梯形图,如图 4-49 所示。

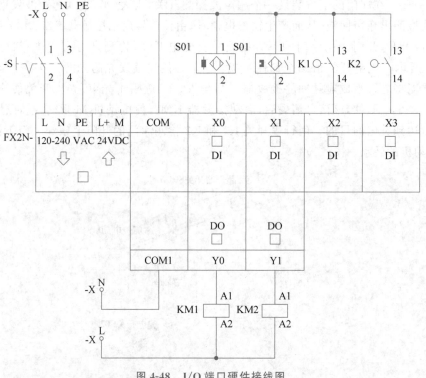

图 4-48　I/O 端口硬件接线图

图 4-49　控制系统梯形图

习题

1. 电动机 M 运行 25s 后停 5s,如此循环 30 次停止。再按启动按钮又能进行另一次运行。试画出 I/O 分配图、梯形图,列出指令表。

2. 两台电动机 M1、M2,M1 运行 6s 后,M2 启动,运行 12s 后,M1、M2 停 3s,之后 M1 又自动启动,按上述规律运行 40 个循环自动停止。试画出 I/O 分配图、梯形图,列出指令表。

3. 题图 4-1 为定子电路串电阻减压启动控制线路。试编制 PLC 控制程序,画出 I/O 分配图、梯形图,列出指令表。

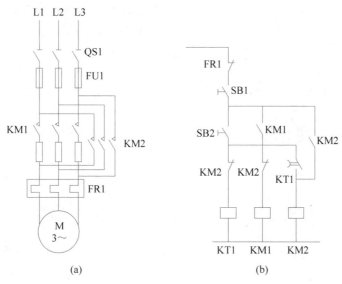

题图 4-1

4. 题图 4-2 为行程开关控制的电动机正、反转电路,其中行程开关 SQ1、SQ2 用于往复控制,行程开关 SQ3、SQ4 用于极限保护。试编制 PLC 控制程序,画出 I/O 分配图、梯形图,列出指令表。

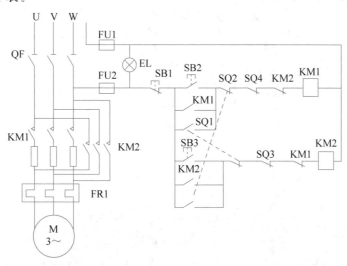

题图 4-2

5. 设计用 PLC 控制的自动焊锡机的控制系统。其控制要求:启动机器,除渣机械电磁阀得电上升,机械手上升到位碰 SQ7,停止上升;左行电磁阀得电,机械手左行到位碰 SQ5,托盘停止左行;下降电磁阀得电,机械手下降到位碰 SQ8,停止下降;右行电磁阀得电,机械手右行到位碰 SQ6,托盘停止右行。托盘上升电磁阀得电上升,上升到位碰 SQ3,停止上升;托盘右行电磁阀得电,托盘右行到位碰 SQ,托盘停止右行;托盘下降电磁阀得电,托盘下降到位碰 SQ4,停止下降,工件焊锡,焊锡时间到;托盘上升电磁阀得电,托盘上升到位碰 SQ3,停止上升;托盘左电磁阀得电,托盘左行到位碰 SQ1,托盘停止左行;托盘下降电磁阀得电,托盘下降到位碰 SQ4,托盘停止下降,工件取出,延时 5s 后自动进入下一循环。自动焊锡机动作示意图如题图 4-3 所示。

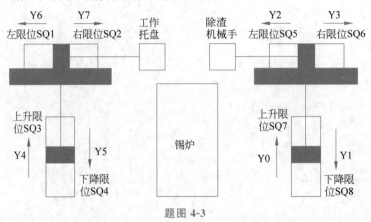

题图 4-3

6. 电动机 M1、M2、M3、M4 的工作时序图如题图 4-4 所示,为第一个循环的时序。试编制 PLC 控制程序,要求:①要完成 30 个循环,自动结束;②结束后再按启动按钮,又能进行下一轮工作;③任何时候按停止按钮都能完成一个完整的循环才停止;④各台电动机均有过载保护和短路保护。

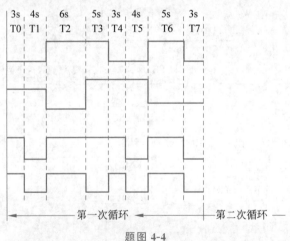

题图 4-4

7. 题图 4-5 为某物料罐报警装置示意图,YA1 为进料阀门,YA2 为出料阀门。当进料高于高限感应开关 SQ2 时,YA1 关闭;当低于高限感应开关 SQ2 时,YA1 打开。当物料高于低限感应开关 SQ1 时,此时传输线启动,延时 2s,YA2 打开。当物料低于低限感应开关 SQ1 时,YA2 关闭,同时报警电路开始作用。报警灯闪烁,亮 1s,通 1s,同时蜂鸣器响。一直到物料高于 SQ1 位置或按下复位按钮，报警电路才停止作用。停止时，先停 YA1，再停 YA2。延时 3s 后停止传输线。试画出 I/O 分配图、梯形图，列出指令表。

8. 题图 4-6 为两种液体混合装置，A、B 两种液体分别由电磁阀 YA1、YA2 控制，搅拌器由电动机 M 控制。启动时，YA1、YA2 以及排流阀 YA3 均关闭，电动机 M 不转动。储液罐是空的。按启动按钮，YA1 打开，A 液进入罐内，当 A 液达到罐中位 M 感应器时，YA1 关闭，YA2 打开，B 液进入罐内。当罐内液面到达高位感应器 H 时，YA2 关闭，搅拌电动机 M 工作。搅拌 20s，排液阀 YA3 打开排液。当液面下降达 L 时，延时 10s，待已搅拌液体排完。之后 YA3 关闭而 YA1 打开，重新注入 A 液，开始第二个循环。编程要求 YA1、YA2、YA3 有联锁，按停止按钮，要完成一个完整的循环才全部停止。画出 I/O 分配图、梯形图，列出指令表。

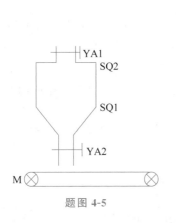

题图 4-5

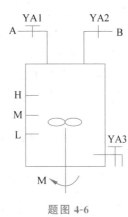

题图 4-6

9. 如题图 4-7 所示，主持人位置上有一个总停止按钮 S06 控制 3 个抢答桌。主持人说出题目并按动启动按钮 S07 后，谁先按按钮，谁的桌子上的灯即亮。当主持人再按总启动停止按钮 S06 后，灯才灭（否则一直亮）。三个抢答桌的按钮安排：一是儿童组抢答桌上有两只按钮 S01 和 S02，并联形式连接无论按哪一只，桌上的灯 LD1 即亮；二是中学生组，抢答桌上只有一只按钮 S03，且只有一个人，一按灯 LD2 即亮；三是成人组，抢答桌上也有两只按钮 S04 和 S05，串联形式连接，只有两个按钮都按下，抢答桌上的灯 LD3 才亮。当主持人将启动按钮 S07 按下之后，10s 内有人按抢答按钮，电铃 DL 即响。画出 I/O 分配图、梯形图，列出指令表。

10. 一套送料小车系统，分别在工位一、工位二、工位三来回自动送料，小车的运动由一台交流电动机进行控制。在三个工位处分别安装了传感器 SQ1、SQ2、SQ3，用于检测小车的位置。在小车运行的左端和右端分别安装了行程开关 SQ4、SQ5，用于定位小车的原点和右极限位点。其结构示意图如题图 4-8 所示。控制要求如下。

（1）当系统上电时，无论小车处于何种状态，首先回到原点准备装料，等待系统的启动。

（2）当系统的手/自动转换开关打开自动运行挡时，按下启动按钮 SB1，小车首先正向运行到工位一，等待 10s 卸料完成后正向运行到工位二，等待 10s 卸料完成后正向运行

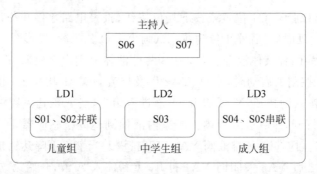

题图 4-7

到工位三,停止 10s 后接着反向运行到工位二,停止 10s 后再反向运行到工位一,停止 10s 后再反向运行到原点位置,等待下一轮的启动运行。

(3) 按下停止按钮 SB2,系统停止运行,如果电动机停止在某一工位,则小车继续停止等待;如果小车正运行在去某一工位的途中,则当小车到达目的地后再停止运行。再次按下启动按钮 SB1,设备按剩下的流程继续运行。

(4) 当按下急停按钮 SB5 时,小车立即停止工作,直到急停按钮取消时,系统恢复到当前状态。

(5) 当手/自动转换开关 SA1 打到手动运行挡时,可以通过手动按钮 SB3、SB4 控制小车的正/反向运行。

试画出 I/O 分配图、梯形图,列出指令表。

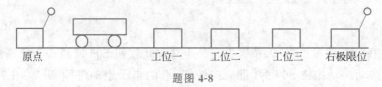

题图 4-8

11. 题图 4-9 为 PLC 控制水塔的水池水位,控制要求如下。

(1) 当水池水位低于水池低水位界限时,液面传感器的开关 S01 接通(ON),发出低位信号,指示灯 1 闪烁(1s 一次);电磁阀门 Y 打开,水池进水。水位高于低水位界限时,开关 S01 断开(OFF);指示灯 1 停止闪烁。当水位升高到高于水池高水位界限时,液面传感器使开关 S02 接通(ON),电磁阀门 Y 关闭,停止进水。

(2) 当水塔水位低于水塔低水位界限时,液面传感器的开关 S03 接通(ON),发出低位信号,指示灯 2 闪烁(2s 一次);当 S1 为 OFF 时,电动机 M 运转,水泵抽水。水位高于低水位界限时,开关 S03 断开(OFF);指示灯 2 停止闪烁。水塔水位上升到高于水塔高水位界限时,液面传感器使开关 S04 接通(ON),电动机停止运行,水泵停止抽水。电动机由接触器 KM 控制。试画出 I/O 分配图、梯形图,列出指令表。

12. 用 PLC 设计一个高性能密码锁,其控制要求如下。

(1) 设计一个由输入点输入密码设定值,开锁时按照之前输入的设定值,才能使 PLC 的 Y0 驱动输出。

(2) 按下 X15,即可开始启动使用。

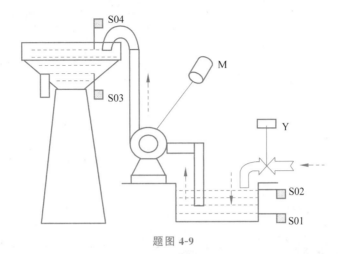

题图 4-9

　　(3) 当 X11＝ON 时,表示可以设定密码值,由 X0～X7 输入设定值,X0～X7 可以重复输入,最大为 9 位数。

　　(4) 当 X11＝OFF 时,表示可以开始由 X0～X7 输入密码值开锁。

　　(5) X10 为确认键,当 X10＝ON 时,表示开锁密码值与设定值开始比较。

　　(6) 当密码错误时,Y1 亮,表示输入的密码值错误,之后按下 X12 清除输入值后可重新输入,3 次错误输入后再无法输入。

　　(7) 当输入密码正确时,驱动 Y0 输出,表示开锁成功。

　　(8) 如果更改密码设定值,则按下 X13,之后再按下 X15,即可重新使用。

　　(9) 输入密码错误 3 次,就无法再输入,若想重新输入使用,应先按下 X14 重置清除,再按下 X15 重新启动。

　　试画出 I/O 分配图、梯形图,列出指令表。

第5章

步进顺序控制

　　在工业控制领域中顺序控制系统应用很广,尤其在机械行业基本上会利用顺序控制实现加工的自动循环。对于流程作业的自动化控制系统而言,一般包含若干状态(也就是工序),当条件满足时,系统能够从一种状态转移到另一种状态,这种控制称为顺序控制。对于工业上这种多状态的控制问题,如果使用基本逻辑指令编程,则程序的可读性比较差。本章介绍的利用状态转移图和步进阶梯指令(STL)以及状态软元件 S 编制的顺序控制程序则更清晰直观。

5.1　状态转移图

5.1.1　状态转移图的概念

　　状态转移图(图 5-1)又称为状态流程图,它是一种通过状态继电器来阐明顺序控制系统控制过程的顺序功能图,也是 FX 系列 PLC 专门针对顺序控制程序的一种编程语言(SFC)。状态转移图是用步(或称为状态,用状态继电器 S 表示)、转移、转移条件、负载驱动来描述控制过程的一种图形。SFC 中的步是指控制系统的一个工作状态,为顺序相连的阶段中的一个阶段。"步"是控制过程中的一个特定状态。步又分为初始步、一般步和活动步,在每步中要完成一个或多个特定的动作。初始步表示一个控制系统的初始状态,所以一个控制系统必须有一个初始步,初始步可以没有具体要完成的动作。其中转移条件和指定转移方向是必不可少的,驱动负载可以不进行实际的负载驱动(如图 5-1 中的 S0 没有驱动负载)。图 5-1 中 Y0 的线圈是状态 S20 驱动的

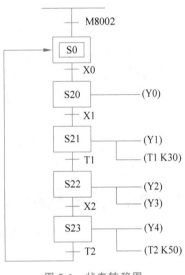

图 5-1　状态转移图

负载,X0 的触点是状态 S20 的转移条件,S20 是 S0 的指定转移方向。

　　与系统的初始状态相对应的步称为初始步。初始状态一般是系统等待启动命令的相对静止的状态。除初始步以外的步均为一般步。每步相当于控制系统的一个阶段。在 SFC 中,如果某一步被激活,则该步处于活动状态,称该步为"活动步"。

　　在功能图中,随着时间的推移和转移条件的实现,将会发生步的活动状态的顺序进展,这种进展按有向连线规定的路线和方向进行。

　　在功能图中,转移用有向连线垂直的短画线表示,转移将相邻两步分隔开。转移条件是与转移相关的逻辑命题。

　　动作或命令统称为"动作",是指系统处于活动步时所完成的任务。

　　状态转移和驱动原理:当 PLC 运行时,M8002 产生一个脉冲使 S0(S0 为初始状态,用双线框表示)置 1 被激活。当按下启动按钮 X0 时,状态从 S0 转移到 S20,S20 被激活,S0 复位。S20 被置 1 后驱动负载,即 Y0。当转移条件 X1 接通时,状态从 S20 转到 S21,使 S21 置 1 驱动线圈 Y1 和计时器 T1,S20 复位,线圈 Y0 失电。当 T1 接通,延时 3s 后,

转移条件 T1 动合触点接通,状态转移到 S22,激活 S22,Y2 和 Y3 线圈得电,S21 复位为零,Y1 和 T1 失电。

5.1.2　状态转移图的特点

只有在状态被激活时,相应的状态的负载才被驱动和转移处理才可能被执行。除了初始状态,所有的状态按照顺序前后关联,只有前一状态以及转移条件成为逻辑 1 时才能被激活。PLC 按照转移图从上到下进行扫描执行,每次驱动一个状态下的负载,没被执行的复位为逻辑 0。基于这种工作特性,状态转移图可以将复杂的控制任务分解为多个简单的状态进行局部的程序编制,不仅可读性强,而且有利于程序的结构化设计。

5.1.3　绘制顺序功能图的注意事项

两个步不能直接相连,必须用一个转移将它们隔开;两个转移也不能直接相连,必须用一个步将它们隔开;顺序控制功能图中的初始步一般对应于系统等待启动的初始状态,初始步可能没有输出执行,但初始步是必不可少的。如果没有该步,则无法表示初始状态,系统也无法返回初始状态;在顺序控制功能图中,只有当某一步的前级步是活动步时,该步才有可能变成活动步。如果用没有断电保持功能的编程元件代表各步,必须用初始化脉冲 M8002 的动合触点作为转移条件,将初始步预置为活动步,否则因顺序功能图中没有活动步,系统将无法工作。

5.2　步进顺控指令与编程

状态转移图反映出整个控制流程,但是为了能够让 PLC 识别完成整个控制流程,需要将状态转移图"翻译"为指令表程序或者梯形图程序,借助 GX-Developer 等编程工具将程序写入 PLC。

5.2.1　步进顺控指令

FX 系列 PLC 步进顺控指令有两个,它们的名称及功能如表 5-1 所示。

表 5-1　步进顺控指令功能

指令名称	功　　能	梯形图表示
STL(步进开始)	提供状态子母线,完成该状态下的负载驱动	-[STL　S20]
RET(步进结束)	顺控程序完成后,返回主程序	-[RET]

5.2.2　步进梯形图

步进梯形图如图 5-2 所示,状态的转移一般用 SET 指令激活状态元件(如 S0、S20);负载驱动以及转移处理必须在 STL 指令之后进行,相当于 STL 提供状态子母线,LD、OUT 等指令可直接连接此子母线上。SET、STL 总是成对出现,完成一个状态的编程。返回指令 RET 置于最后一段状态子母线,避免逻辑错误,单独成行。

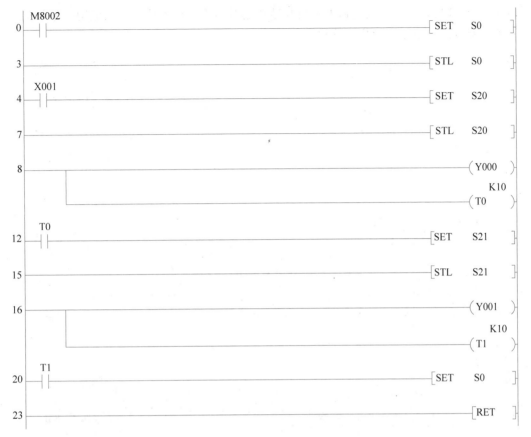

图 5-2 步进梯形图

根据步进梯形图列出步进梯形图的指令表,如表 5-2 所示。

表 5-2 步进梯形图的指令表

步序号	指令	步序号	指令	步序号	指令
0	LD M8002	7	STL S20	15	STL S21
1	SET S0	8	OUT Y000	16	OUT Y001
3	STL S0	9	OUT T0 K10	17	OUT T1 K10
4	LD X001	12	LD T0	20	LD T1
5	SET S20	13	SET S21	21	SET S0

5.2.3 编程遵循的原则

编程应遵循以下原则。

(1) 状态转移图中状态软元件 S 不能重复使用,比如不能出现两个及以上的 S20,每个状态元件号 S 唯一。

(2) 在不同的状态下可以输出同一个软元件(Y、M 等),但同一定时器的触点不能为相邻状态的转移条件,如图 5-3 和图 5-4 所示。因为在状态转移过程中,相邻两个状态输出同一个定时器时,定时线圈通电不断开导致定时器当前值不能复位。但同一编号的定时器线圈可以在不相邻的状态下输出。

图 5-3　线圈 Y 可以连续输出

图 5-4　定时器 T1 不可以连续输出

（3）STL 状态子母线的输出要遵循"先驱动,后转移"的原则,如图 5-5 所示。

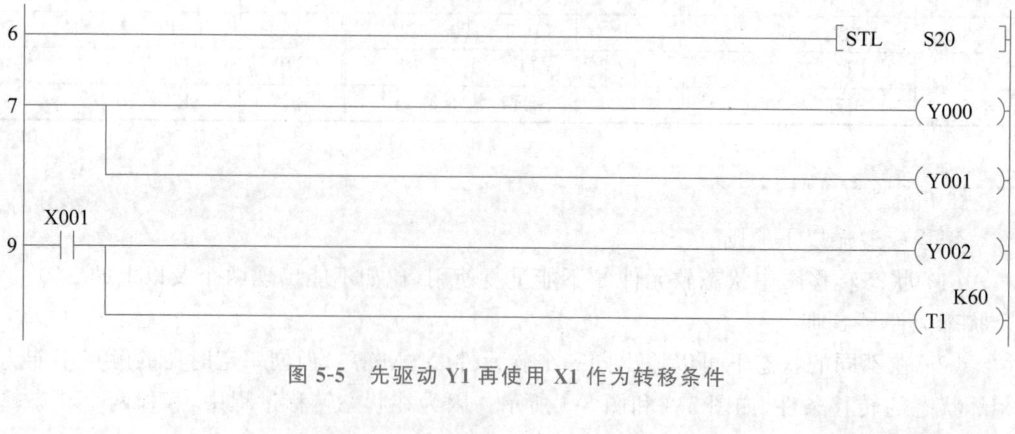

图 5-5　先驱动 Y1 再使用 X1 作为转移条件

5.3 单流程的步进顺序控制

单流程的步进顺序控制是没有其他控制分支,按照状态流程图的指定转移方向执行。单流程顺序控制允许状态之间的跳转,当跳转的转移条件为逻辑 1 时,状态可以自下而上或者自上而下完成指定方向的跳转。下面将举例说明。

例 5-1 4 台电动机要求按照 M1、M2、M3、M4 顺序启动,启动的时间间隔分别为 3s、4s、5s。停止时按照 M4、M3、M2、M1 顺序停止,停止的时间间隔分别为 5s、4s、3s。启动时如果发现某台电动机出现故障,则要求按下停止按钮后,故障电动机立刻停止转动,其他电动机按照反顺序停止。例如,电动机 M3 发生故障,按下停止按钮后,电动机 M3 立即停止,延时 4s 后电动机 M2 停止,再延时 3s 后电动机 M1 停止。试用步进顺序控制方法完成编程。

解:如图 5-6 为 4 台电动机顺序控制的 I/O 分配,图 5-7 为其状态转移图。由图可知,当按下启动按钮 X0 时,状态从 S0 转移到 S20,驱动定时器 T0 并使负载 Y1 置位为 1。当 T0 延时 3s 且 X1 为逻辑 0 时,状态转移到 S21。如果 T0 在延时 3s 的过程中 Y1 发生故障,按下 X1,则状态转移到 S27,使 Y1 复位失电返回状态 S0。其他电动机的故障启停工作原理与此类似,不再赘述。

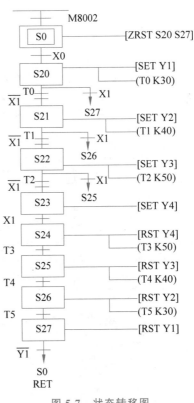

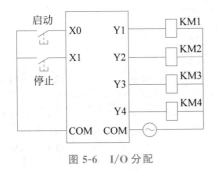

图 5-6 I/O 分配 　　　　　图 5-7 状态转移图

图 5-8 为 4 台电动机顺序控制的梯形图,由图可得出:

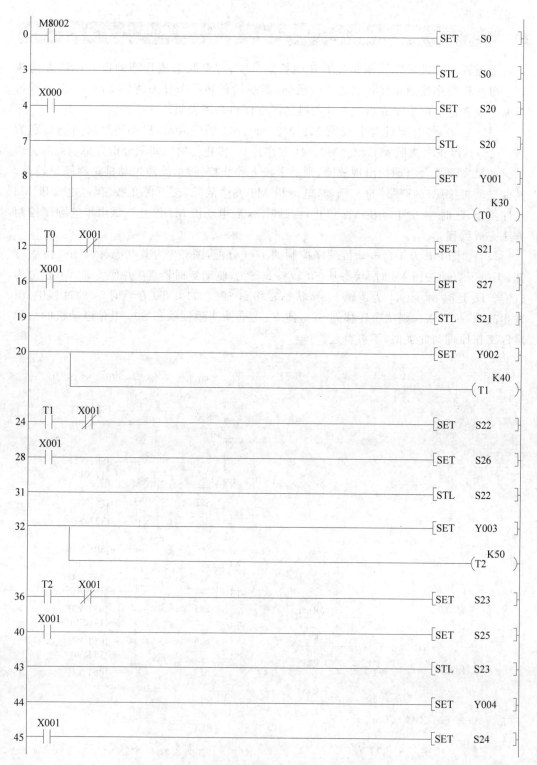

图 5-8　4 台电动机顺序控制的梯形图

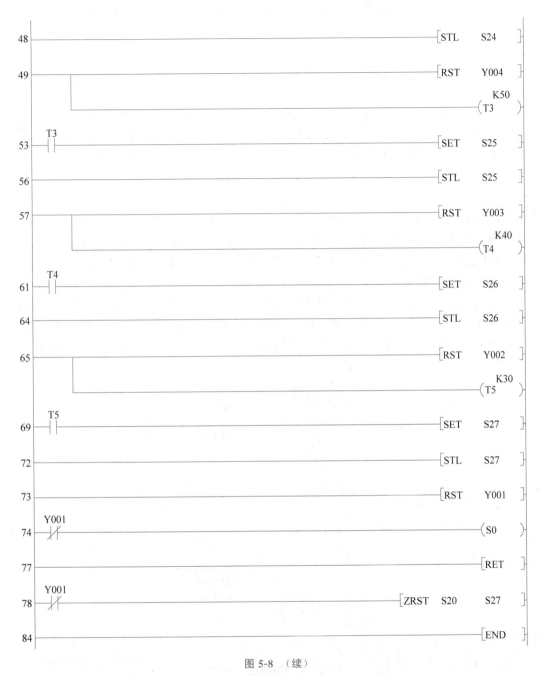

图 5-8 （续）

（1）每个状态都遵循"先驱动,后转移"的原则。

（2）状态之间的转向一般使用 SET 指令,但返回初始状态 S0 时必须使用 OUT 指令。

（3）状态软元件一般是断电保持的，因此每个循环完成后都要进行复位。图中的[ZRST　S20　S27]指令是成批复位指令，其作用是将 S20～S27 之间的状态元件全部复位。

（4）RET 是梯形图的结束指令，与最后一个状态子母线相连，单独成行，避免发生逻辑错误。

例 5-2 设计一个声光报警器。报警器的工作过程：在按下启动按钮后，报警灯亮0.5s，熄灭 0.5s，闪烁 100 次。闪烁期间，蜂鸣器一直响。报警灯闪烁 100 次后，停 10s 后重复上述过程。如此反复三次结束循环，再次按下启动按钮后，继续新的循环。

解： 本例要用到计数器、定时器，其中 T0、T1 组成闪烁电路，闪烁周期为 1s。T2 用来设定两次报警的中间停止时间。C0 用来记录闪烁次数，而 C1 用来记录循环次数。X0为启动按钮，Y0 为报警灯，Y1 为蜂鸣器。图 5-9 为报警器的工作流程图。图 5-9 中，初始脉冲使初始状态 S0 置 1，驱动负载对 C1 复位。按下启动按钮 X0，状态转移到 S20，驱动负载使报警灯 Y0 亮，蜂鸣器 Y1 响，T0 延时 0.5s。T0 延时 0.5s 后，状态转移到 S21，S20 复位，报警灯熄灭，计数器 C0 计数 1 次，T1 延时 0.5s。T1 延时 0.5s 后，而 C0 计数未达到 100 次，状态跳转回 S20，使报警灯闪烁；当 C0 计数达到 100 次时，状态转移到S22，蜂鸣器复位停止，然后状态转移到 S23，驱动负载，T2 延时 10s，C1 计数 1 次，复位C0。当 C1 计数值到 3 且 T2 延时到 10s 时，返回初始状态 S0，当 T2 延时到达 10s，但 C1计数值未达到 3 时，返回状态 S20。

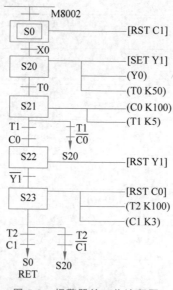

图 5-9　报警器的工作流程图

图 5-10 为报警电路的步进梯形图。状态 S20 和 S21 是报警电路中的闪烁电路。需要强调的是，由状态元件构成的闪烁电路与定时器组成的闪烁电路的不同，以及状态之间的跳跃与转移。

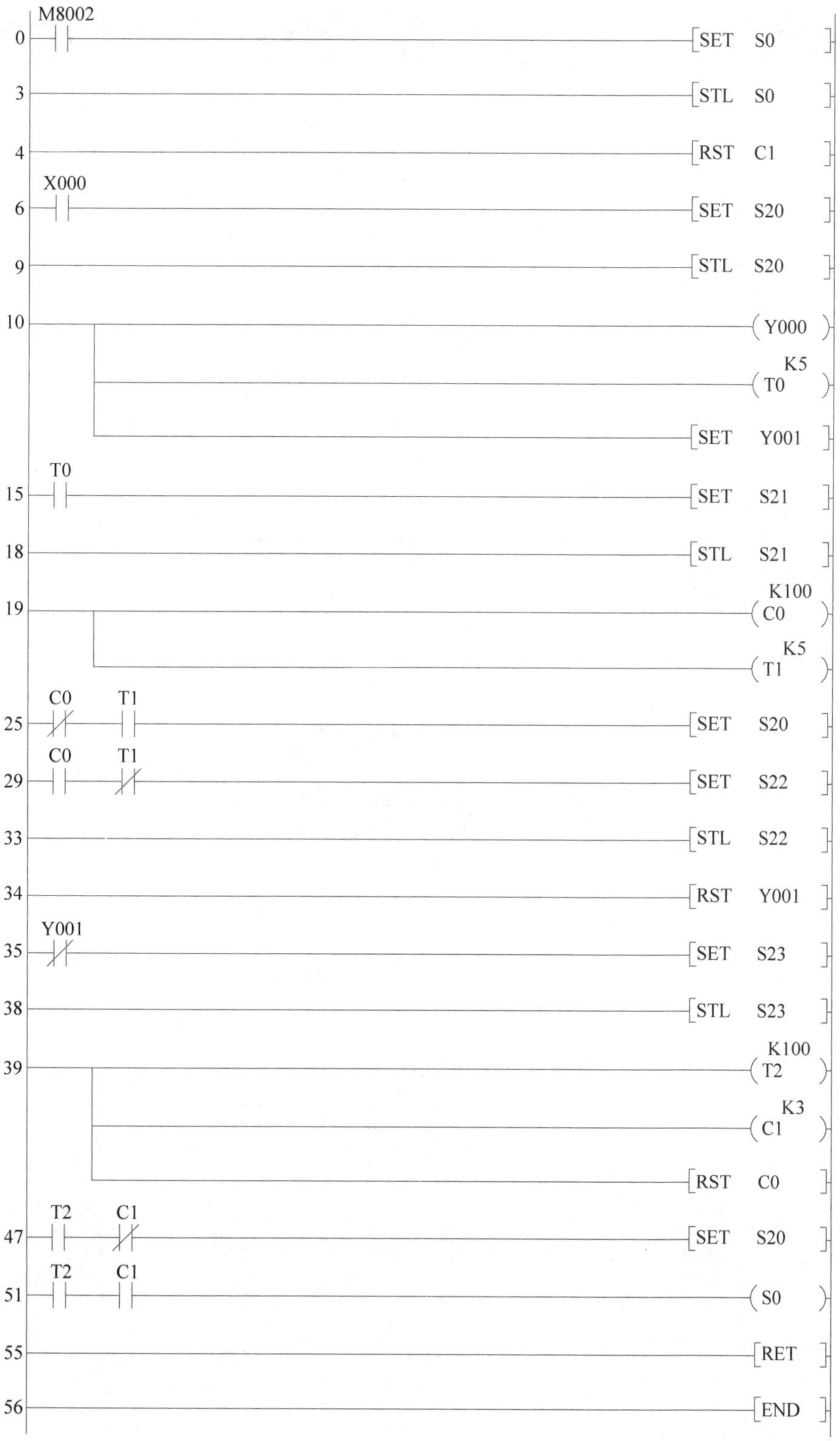

```
    M8002
0 ──┤├──────────────────────────────────[SET  S0 ]

3 ───────────────────────────────────────[STL  S0 ]

4 ───────────────────────────────────────[RST  C1 ]

    X000
6 ──┤├──────────────────────────────────[SET  S20]

9 ───────────────────────────────────────[STL  S20]

10 ──────────────────────────────────────( Y000 )
                                            K5
                                         ( T0 )
                                         [SET  Y001]

    T0
15 ──┤├──────────────────────────────────[SET  S21]

18 ──────────────────────────────────────[STL  S21]
                                            K100
19 ──────────────────────────────────────( C0 )
                                            K5
                                         ( T1 )

   C0   T1
25 ─┤/├─┤├───────────────────────────────[SET  S20]

   C0   T1
29 ─┤├──┤/├───────────────────────────────[SET  S22]

33 ──────────────────────────────────────[STL  S22]

34 ──────────────────────────────────────[RST  Y001]

   Y001
35 ─┤/├───────────────────────────────────[SET  S23]

38 ──────────────────────────────────────[STL  S23]
                                            K100
39 ──────────────────────────────────────( T2 )
                                            K3
                                         ( C1 )
                                         [RST  C0 ]

   T2   C1
47 ─┤├──┤/├───────────────────────────────[SET  S20]

   T2   C1
51 ─┤├──┤├────────────────────────────────( S0 )

55 ──────────────────────────────────────[RET ]

56 ──────────────────────────────────────[END ]
```

图 5-10 报警电路的步进梯形图

5.4 分支流程的步进顺序

在很多步进生产控制中,往往有两列或多列的步进顺序控制过程,与单流程步进顺序控制不同的是,在状态转移图中有两个及以上的状态转移支路,FX 系列的分支电路最多允许 8 列,每列最多允许 250 个状态。按照驱动条件,这种多分支流程的步进顺序控制可以分为选择性分支和并行性分支。

5.4.1 选择性分支

由两个及以上的分支流程组成的,但根据控制要求只能从中选择一个分支流程执行的程序,称为选择性流程程序。图 5-11 是具有 3 个支路的选择性流程程序,其特点如下。

(1)从 3 个流程中选择执行其中一个流程支路,具体执行哪一个由转移条件 X1、X11、X21 决定。

(2)转移条件 X1、X11、X21 两两互斥,不能同时置 1。

(3)当 S20 动作后,假如 X1 置 1,程序向 S21 转移,则 S20 复位失电。因此,即使 X11 或者 X21 置 1,S31 和 S41 也不会驱动。

(4)汇合状态 S50 可以被 S22、S32、S42 任意一个驱动。

(5)分支时先分支后条件,汇合时先条件后汇合,分支不能同时进行。

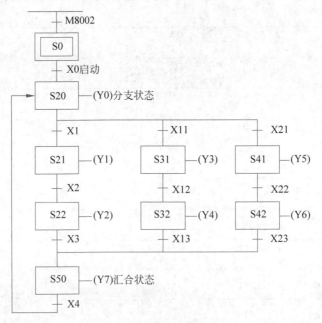

图 5-11 选择性分支流程图

根据选择性分支流程图画出梯形图,如图 5-12 所示。

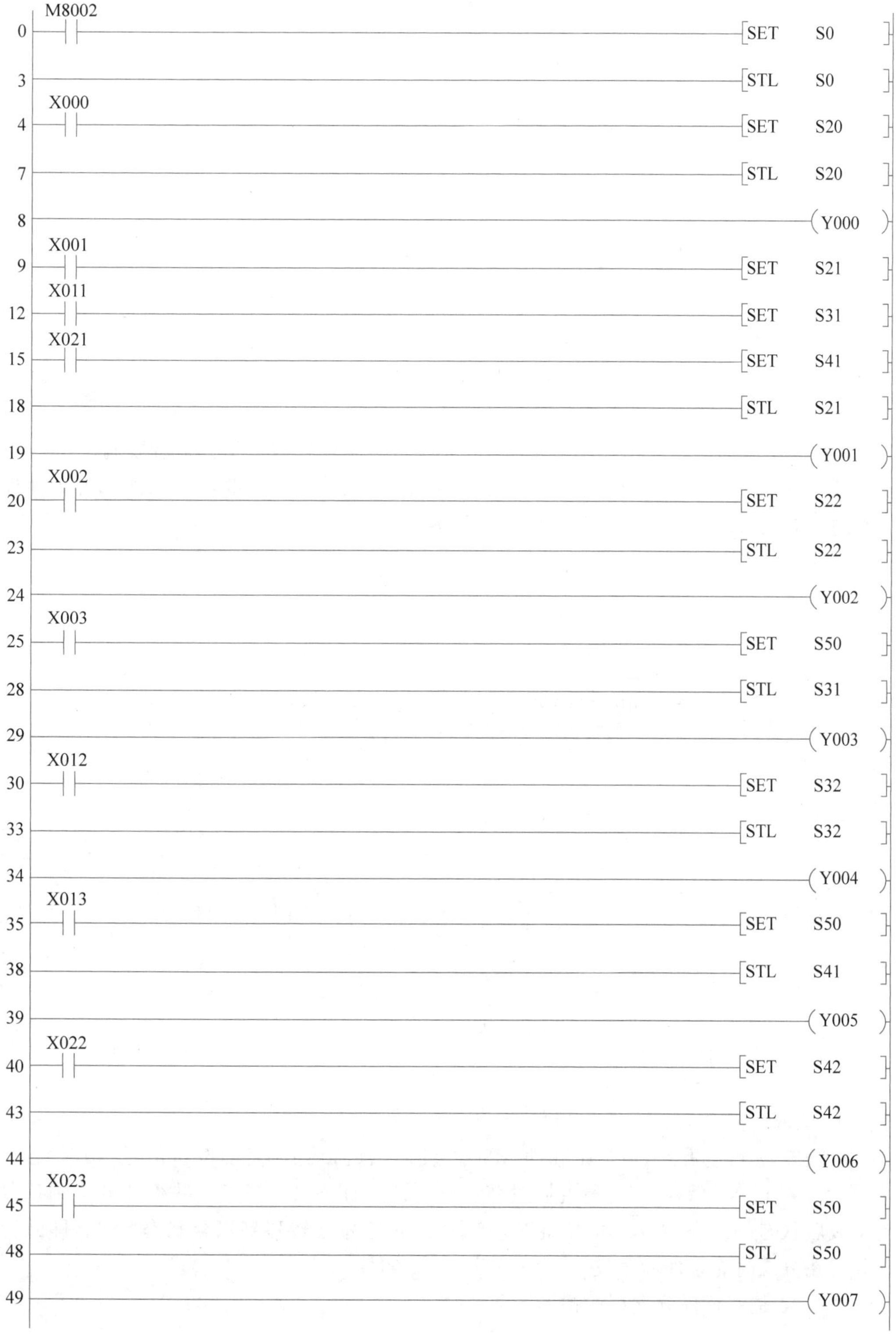

```
        M8002
0   ├─┤├──────────────────────────────────────────────────[SET    S0  ]
3   ├──────────────────────────────────────────────────────[STL    S0  ]
        X000
4   ├─┤├──────────────────────────────────────────────────[SET    S20 ]
7   ├──────────────────────────────────────────────────────[STL    S20 ]
8   ├────────────────────────────────────────────────────────(Y000 )
        X001
9   ├─┤├──────────────────────────────────────────────────[SET    S21 ]
        X011
12  ├─┤├──────────────────────────────────────────────────[SET    S31 ]
        X021
15  ├─┤├──────────────────────────────────────────────────[SET    S41 ]
18  ├──────────────────────────────────────────────────────[STL    S21 ]
19  ├────────────────────────────────────────────────────────(Y001 )
        X002
20  ├─┤├──────────────────────────────────────────────────[SET    S22 ]
23  ├──────────────────────────────────────────────────────[STL    S22 ]
24  ├────────────────────────────────────────────────────────(Y002 )
        X003
25  ├─┤├──────────────────────────────────────────────────[SET    S50 ]
28  ├──────────────────────────────────────────────────────[STL    S31 ]
29  ├────────────────────────────────────────────────────────(Y003 )
        X012
30  ├─┤├──────────────────────────────────────────────────[SET    S32 ]
33  ├──────────────────────────────────────────────────────[STL    S32 ]
34  ├────────────────────────────────────────────────────────(Y004 )
        X013
35  ├─┤├──────────────────────────────────────────────────[SET    S50 ]
38  ├──────────────────────────────────────────────────────[STL    S41 ]
39  ├────────────────────────────────────────────────────────(Y005 )
        X022
40  ├─┤├──────────────────────────────────────────────────[SET    S42 ]
43  ├──────────────────────────────────────────────────────[STL    S42 ]
44  ├────────────────────────────────────────────────────────(Y006 )
        X023
45  ├─┤├──────────────────────────────────────────────────[SET    S50 ]
48  ├──────────────────────────────────────────────────────[STL    S50 ]
49  ├────────────────────────────────────────────────────────(Y007 )
```

图 5-12 选择性分支程序梯形图

图 5-12 （续）

5.4.2 并行性分支

由两个及以上的分支流程组成，但同时执行各分支的程序，称为并行性流程程序。图 5-13 是具有 3 条支路的并行性分支的状态转移图，其特点如下。

(1) 若 S20 已经动作，则只要分支转移条件 X0 成立，3 个流程（S21、S22，S31、S32，S41、S42）同时并列执行，没有先后之分。

(2) 当所有的流程动作全部结束时（先执行完的流程要等待全部流程执行完毕），当转移条件 X2 接通时，状态转移到汇合状态 S50、S22、S32、S42 全部复位。注意，并行性程序在同一时间可能会有两个及以上的状态被激活。

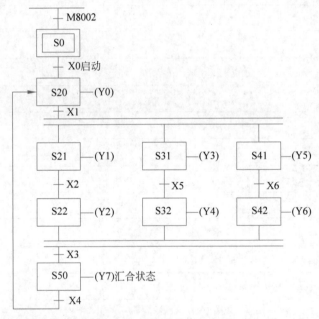

图 5-13 并行性分支流程图

从图 5-13 可以看到，当初始脉冲 M8002 使 S0 被激活后，启动按钮接通 X0，状态转移到 S20，接通 X1 后，状态并行的同时转移到 S21、S31、S41。当三个并行性分支到达各支路最后状态（S22、S32、S42），按钮 X3 接通时，状态才会转移到汇合状态 S50。即并行性分支在分支时先条件后分支，汇合时先汇合后条件。

图 5-14 是并行性分支程序梯形图。

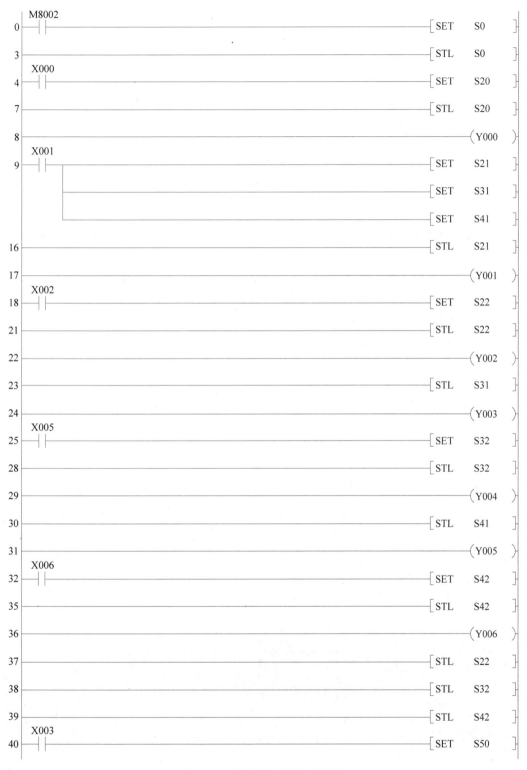

图 5-14　并行性分支程序梯形图

```
43 ──────────────────────────────────────────────[ STL    S50  ]
44 ──────────────────────────────────────────────────( Y007 )
    X004
45 ──┤├─────────────────────────────────────────────[ SET    S20  ]
48 ──────────────────────────────────────────────────[ RET  ]
49 ──────────────────────────────────────────────────[ END  ]
```

图 5-14 （续）

5.4.3 多层次的分支结构

多层次的分支结构是指从选择性分支转移到另一个选择性分支,或从并行性分支转移到另一个并行性分支,或从选择性分支转移到并行性分支,或从并行性分支转移到选择性分支。发生分支转移时,两分支之间必须有一个状态元件。如果程序中缺少此状态元件,就应选择取一个编号较大的状态元件作为虚拟状态,以保证两层分支电路的汇合与分支之间有一作用元件。如图 5-15 所示,图中的 S100 即为虚拟态,它是选择性分支的作用元件,又是并行性分支的起始元件,满足选择性分支的"合"条件和并行性分支的"分"条件。两层分支程序梯形图如图 5-16 所示。

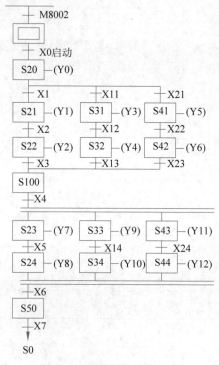

图 5-15　两层分支的流程图

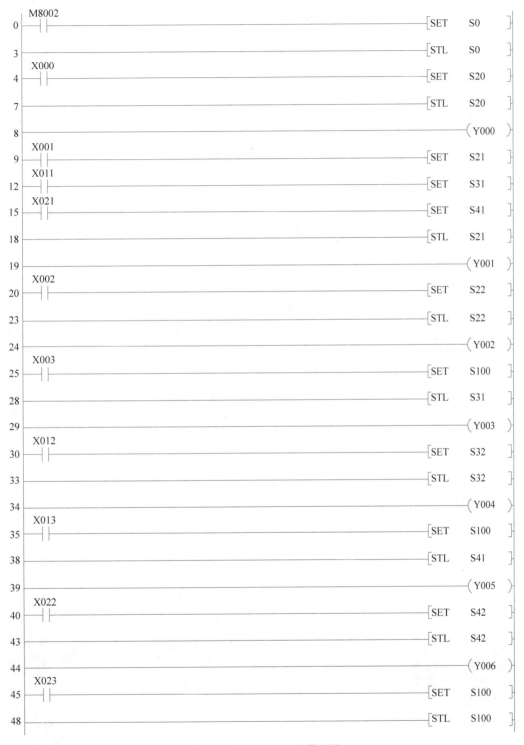

```
      M8002
0  ───┤├──────────────────────────────────[SET    S0 ]

3  ────────────────────────────────────────[STL    S0 ]
      X000
4  ───┤├──────────────────────────────────[SET    S20]

7  ────────────────────────────────────────[STL    S20]

8  ──────────────────────────────────────────( Y000 )
      X001
9  ───┤├──────────────────────────────────[SET    S21]
      X011
12 ───┤├──────────────────────────────────[SET    S31]
      X021
15 ───┤├──────────────────────────────────[SET    S41]

18 ────────────────────────────────────────[STL    S21]

19 ──────────────────────────────────────────( Y001 )
      X002
20 ───┤├──────────────────────────────────[SET    S22]

23 ────────────────────────────────────────[STL    S22]

24 ──────────────────────────────────────────( Y002 )
      X003
25 ───┤├──────────────────────────────────[SET    S100]

28 ────────────────────────────────────────[STL    S31]

29 ──────────────────────────────────────────( Y003 )
      X012
30 ───┤├──────────────────────────────────[SET    S32]

33 ────────────────────────────────────────[STL    S32]

34 ──────────────────────────────────────────( Y004 )
      X013
35 ───┤├──────────────────────────────────[SET    S100]

38 ────────────────────────────────────────[STL    S41]

39 ──────────────────────────────────────────( Y005 )
      X022
40 ───┤├──────────────────────────────────[SET    S42]

43 ────────────────────────────────────────[STL    S42]

44 ──────────────────────────────────────────( Y006 )
      X023
45 ───┤├──────────────────────────────────[SET    S100]

48 ────────────────────────────────────────[STL    S100]
```

图 5-16　两层分支程序梯形图

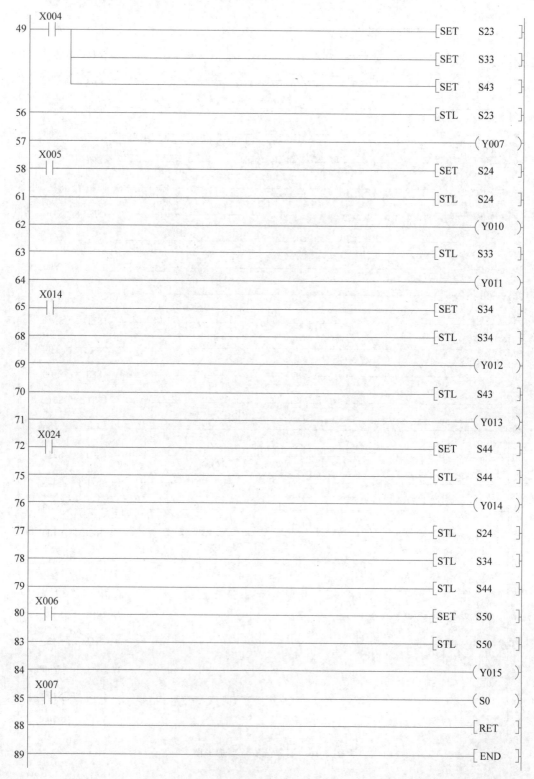

图 5-16 （续）

5.4.4 利用同一信号进行状态转移

将上升沿检测指令作用于特殊辅助继电器 M2800,则可以利用同一信号高效率地进行状态转移。M2800 的特性是:当 M2800 线圈得电后,能使具备通电条件且离线圈最近的一个触点接通,梯形图如图 5-17 所示。

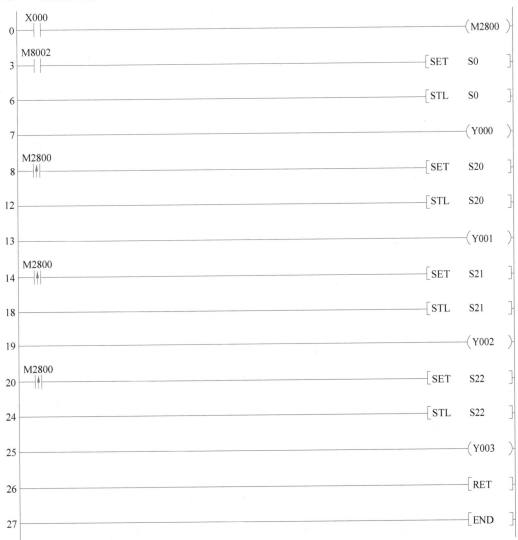

图 5-17　利用同一信号进行状态转移梯形图

图 5-17 中,初始脉冲 M8002 使 S0 置 1,Y0 得电。当 X0 第一次接通时,M2800 线圈得电,第 8 步 M2800 上升沿脉冲使 S20 置 1,Y1 得电。当 X0 第二次接通时,第 14 步 M2800 上升沿脉冲使 S21 置 1,Y2 得电而 S20 复位,Y1 失电。按此规律,S20、S21、S22 将依次接通,顺次驱动 Y0、Y1、Y2。

例 5-3　十字路口交通灯的步进控制的状态转移图如图 5-18 所示,为 4 行并行性分支状态转移图,由车横道、人横道、车纵道、人纵道 4 列分支组成。图中 X0 为启动按钮,X2 为停止开关,X5 为急停按钮。其原理如下。

PLC 上电后,初始脉冲 M8002 激活初始状态 S0,使 S20~S60 复位。按 X0,状态同时转移到 S20、S30、S40、S50。

S20 置 1,驱动车横道绿灯 Y0 置 1,连续亮 30s,闪烁 3s。闪烁 3s 后,状态转移到 S21,令车横道黄灯 Y1 置 1,亮 2s 后转移到 S22,驱动车横道红灯 Y2 置 1,亮 35s。

与此同时,S30 置 1,人横道绿灯 Y6 亮 30s,闪烁 5s,之后红灯 Y7 亮。

S40 置 1,令车纵道红灯 Y5 置 1 亮 35s,之后转移到 S41,驱动车纵道绿灯 Y3 连续亮 30s,闪烁 3s,然后黄灯 Y4 亮。

S50 置 1,驱动人纵道红灯 Y10 亮 35s,之后转移到 S51,令人纵道绿灯 Y11 连续亮 30s,闪烁 5s。

当 S22、S31、S42、S51 均被激活,且 T3 延时 30s 后,状态转移到 S60。当停止开关 X2 未合上时,状态同时转移到 S20、S30、S40、S50,交通灯循环运行。当停止开关 X2 合上,状态同时转移到 S0,程序停止。

程序运行时一旦遇到意外,按 X5,程序会立即停止。

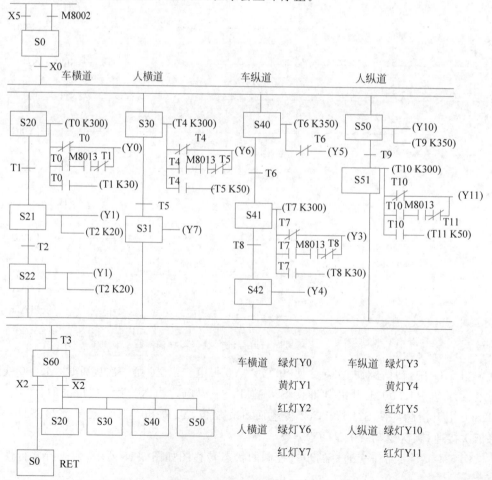

图 5-18　十字路口交通灯的步进控制的状态转移图

十字路口交通灯步进梯形图如图 5-19 所示。

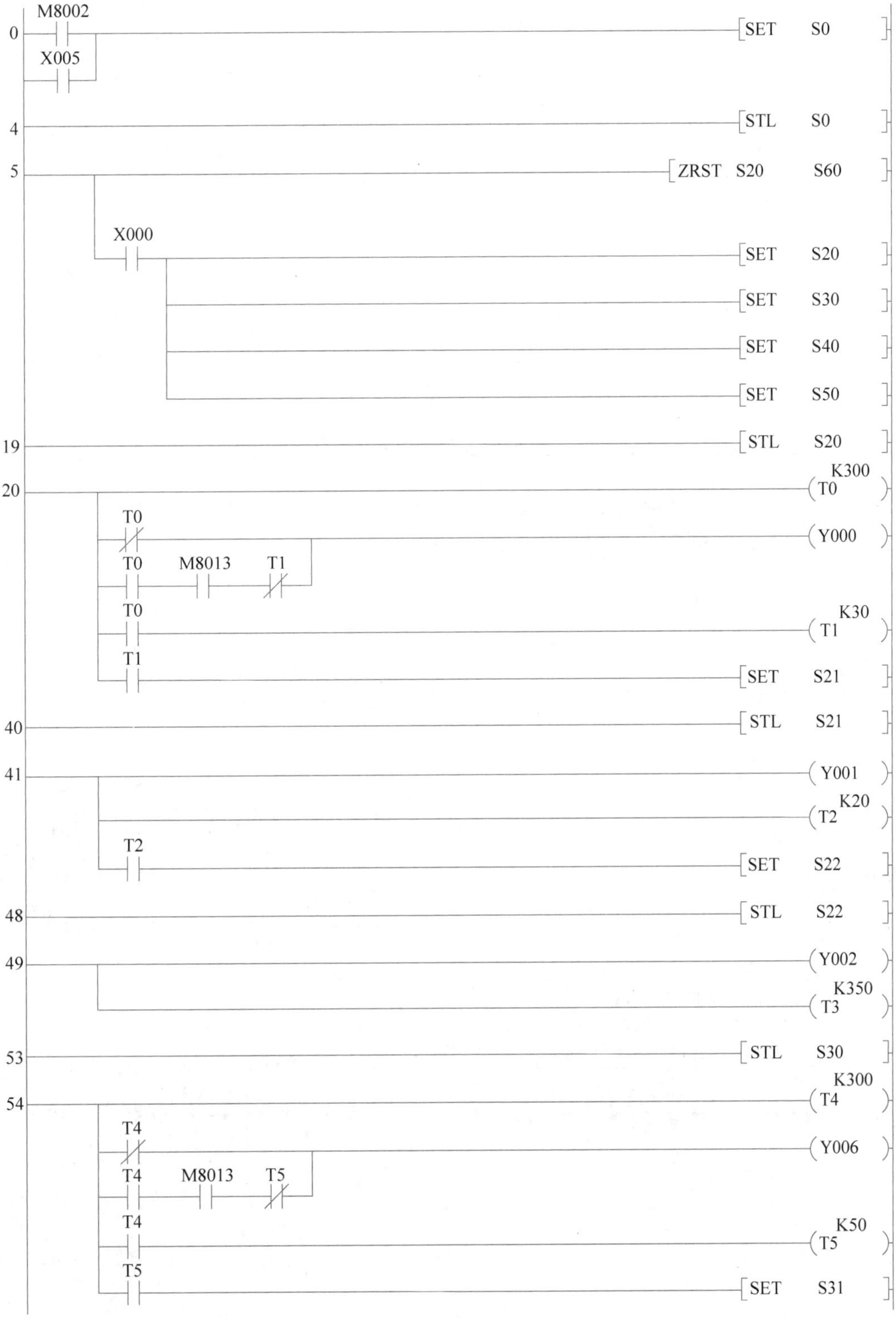

图 5-19 十字路口交通灯步进梯形图

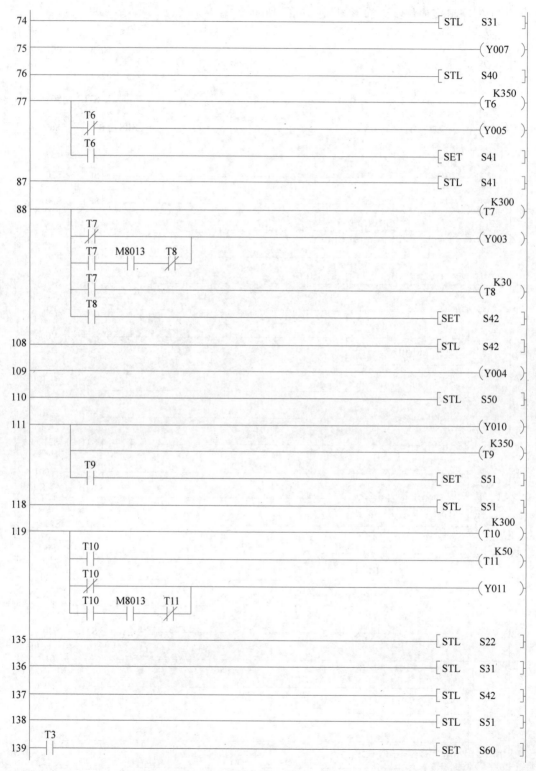

图 5-19 （续）

142
STL S60
X002
143
SET S20
SET S30
SET S40
SET S50
X002
152
SET S0
155
RET
156
END

图 5-19 （续）

例 5-4 用步进指令设计一个按钮式人行道指示灯的控制系统，其控制要求：按 X0 或 X1 按钮，人行道和车道指示灯按如图 5-20 所示点亮。

按钮X0或X1
车道绿(Y3)
30s
车道黄(Y2)
10s
车道红(Y1)
30s
人行道红(Y5)
5s
20s
5s
闪5次
人行道绿(Y6)
15s

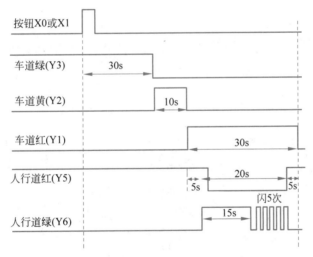

图 5-20 按钮式人行道指示灯的示意图

解：(1) 根据控制要求，其 I/O 分配：X0，左启动；X1，右启动；Y1，车道红灯；Y2，车道黄灯；Y3，车道绿灯；Y5，人行道红灯；Y6，人行道绿灯。

(2) PLC 的外部接线图如图 5-21 所示。

(3) 根据控制要求，当未按下 X0 或 X1 按钮时，人行道红灯和车道绿灯亮；当按下 X0 或 X1 按钮时，人行道指示灯和车道指示灯同时开始运行，是具有两个分支的并行性流程。按钮式人行道指示灯的状态转移图如图 5-22 所示。

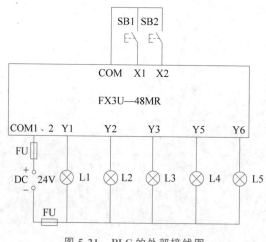

图 5-21　PLC 的外部接线图

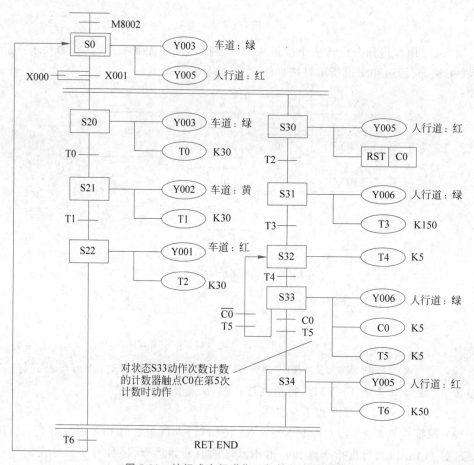

图 5-22　按钮式人行道指示灯的状态转移图

状态转移图说明如下。

① PLC 从 STOP 切换到 RUN 时,初始状态 S0 动作,车道信号为绿灯,人行道信号为红灯。

② 按下人行道按钮 X0 或 X1,状态转移到 S20 和 S30,车道为绿灯,人行道为红灯。

③ 30s 后车道为黄灯,人行道仍为红灯。

④ 再过 10s 后车道变为红灯,人行道仍为红灯,同时定时器 T2 启动,5s 后 T2 触点接通,人行道变为绿灯。

⑤ 15s 后人行道绿灯开始闪烁(S32 人行道绿灯灭,S33 人行道绿灯亮)。

⑥ 闪烁中 S32、S33 反复循环动作,计数器 C0 设定值为 5,当循环次数达到 5 次时,C0 动合触点就接通,动作状态向 S34 转移,人行道变为红灯期间,车道仍为红灯,5s 后返回初始状态,完成一个周期的动作。

⑦ 在状态转移过程中,即使按动人行道按钮 X0、X1 也无效。

(4)指令表程序。根据并行性分支的编程方法,并行性程序对应的指令表如表 5-3 所示。

表 5-3　并行性程序对应的指令

序号	指令	序号	指令	序号	指令
1	LD M8002	20	STL S22	39	OUT C0 K5
2	SET S0	21	OUT Y001	40	OUT T5 K5
3	STL S0	22	OUT T2 K50	41	LD T5
4	OUT Y003	23	STL S30	42	ANI C0
5	OUT Y005	24	OUT Y005	43	OUT S32
6	LD X000	25	RST C0	44	LD C0
7	OR X001	26	LD T2	45	AND T5
8	SET S20	27	SET S31	46	SET S34
9	SET S30	28	STL S31	47	STL S34
10	STL S20	29	OUT Y006	48	OUT Y005
11	OUT Y003	30	OUT T3 K150	49	OUT T6 K50
12	OUT T0 K300	31	LD T3	50	STL S22
13	LD T0	32	SET S32	51	STL S34
14	SET S21	33	STL S32	52	LD T6
15	STL S21	34	OUT T4 K5	53	OUT S0
16	OUT Y002	35	LD T4	54	RET
17	OUT T1 K100	36	SET S33	55	END
18	LD T1	37	STL S33		
19	SET S22	38	OUT Y006		

例 5-5　大小铁球分类传送系统如图 5-23 所示。图中磁铁 Y1 与电磁机械臂相连,机械臂可以上升、下降、左右移动。机械臂左右移动用电动机 M 驱动,电磁铁上限位和下限位分别由行程开关 SQ3 和 SQ2 控制,左限位行程开关位 SQ1。当机械臂下降未达到低限位,行程开关 SQ2 处于断开位置,吸引大球。当机械臂下降到达低位,SQ2 动合触点闭合,吸引小球。

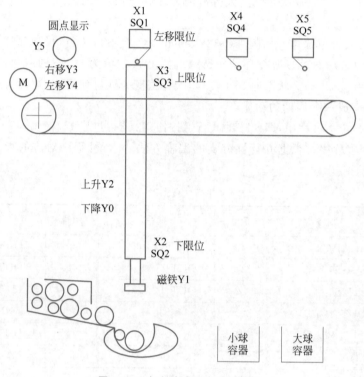

图 5-23　大小铁球分类传送系统

大小铁球分类传送系统的状态转移图如图 5-24 所示。图中采用了选择性分支方式设计。小铁球为一支,大铁球为一支,两支连锁。当 Y0 得电下降,SQ2 受碰击使 X2 闭合,吸引小铁球。当 X2 未闭合,而下降计时 T0 时间结束,则吸引大铁球。铁球在传送过程中,电磁铁不允许释放,只有待机械臂到达收集铁球容器位置并下降至低位,才允许释放。

图 5-25 为大小铁球分类传送系统的步进梯形图。当机械臂位于原位时,有原位指示 Y5,由于电磁铁的电磁力达到最大或减少到零均需要一定时间,因此在第 22 步和第 65 步设置 1s 的时间,用 T1 和 T2 实现。注意选择性分支电路,在分支时先分支后条件,在汇合时先条件后汇合的特点。

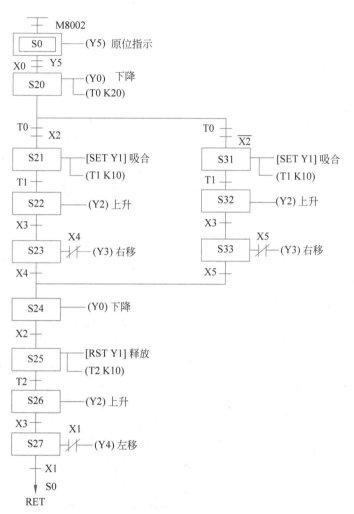

图 5-24　大小铁球分类传送系统的状态转移图

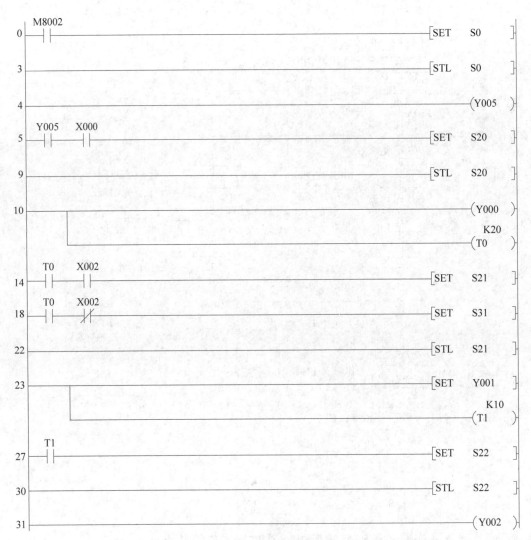

图 5-25　大小铁球分类传送系统的步进梯形图

```
32  ┤X003├──────────────────────────────────────[SET    S23 ]

35  ─────────────────────────────────────────────[STL    S23 ]

        X004
36  ──┤/├────────────────────────────────────────( Y003 )

        X004
38  ──┤ ├────────────────────────────────────────[SET    S24 ]

    ─────────────────────────────────────────────[STL    S31 ]

    ─────────────────────────────────────────────[SET    Y001 ]

                                              K10
    ─────────────────────────────────────────────( T1 )

    ─────────────────────────────────────────────[SET    S32 ]

    ─────────────────────────────────────────────[STL    S32 ]

50  ─────────────────────────────────────────────( Y002 )

51  ─────────────────────────────────────────────[SET    S33 ]

54  ─────────────────────────────────────────────[STL    S33 ]

        X00
55  ──┤/├────────────────────────────────────────( Y003 )

        X005
57  ──┤ ├────────────────────────────────────────[SET    S24 ]
```

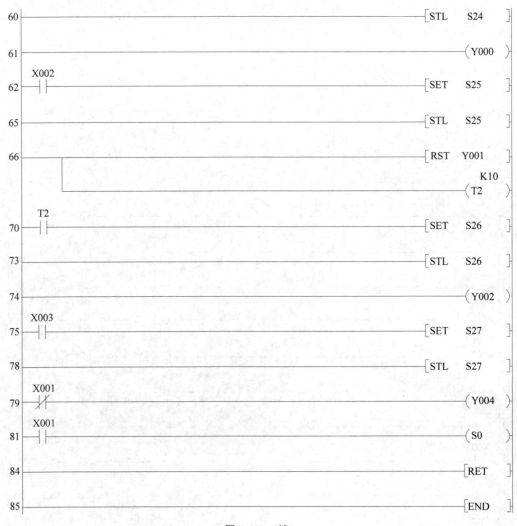

60 ── [STL S24]

61 ──(Y000)

62 ─X002─ [SET S25]

65 ── [STL S25]

66 ── [RST Y001]

        K10
      ──(T2)

70 ─T2─ [SET S26]

73 ── [STL S26]

74 ──(Y002)

75 ─X003─ [SET S27]

78 ── [STL S27]

79 ─X001/─(Y004)

81 ─X001─(S0)

84 ── [RET]

85 ── [END]

图 5-25 （续）

5.5 应用案例

案例一 PLC 冲压生产线。某冷加工冲压生产线自动线其过程示意图如图 5-26 所示。待冲压的工件个数在设备停止时，可根据需要用两个按钮设定（0～99），并通过另一个按钮切换显示设定数、已加工数和待加工数。

其控制要求如下。

（1）按启动按钮 S01 启动传送带电动机转动，延时 3s 后停止。

（2）进料机械手吸合电磁阀 YV3 接通，吸合工件，延时 1s。

（3）进料机械手左移电磁阀 YV2 接通，进料机械手开始左移，碰到工位 2 限位 SQ2 时停止。

（4）进料机械手电磁阀 YV3 断开，放下工件，延时 1s。

（5）进料机械手右移电磁阀 YV7 接通，使进料机械手退回到工位 1 限位 SQ1 时停止。

（6）压模电磁阀 YV4 接通，下降停 1s 后完成冲压，压模电磁阀 YV4 断开，开始上升，延时 1s。

（7）出料机械手右移电磁阀 YV5 接通，使出料吸盘右移到工位 2 限位 SQ2 时停止。

（8）出料机械手吸合电磁阀 YV6 吸合工件，延时 1s。

（9）出料机械手左移电磁阀 YV1 接通，使出料机械手左移到工位 3 限位 SQ3 时停止。

（10）延时 1s 后，出料机械手吸合电磁阀 YV6 断开，放下工件。

（11）延时 1s 后，传送带电动机转动，3s 后停止，完成一次冲压工作。

按暂停按钮 SB2 要等完成整个工艺时暂停加工，再按启动按钮继续运行。

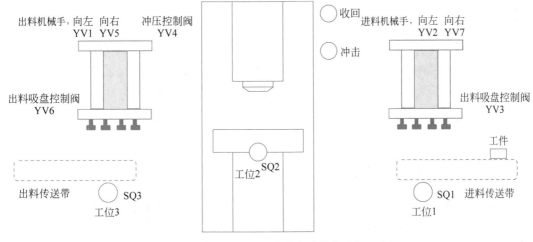

图 5-26　某冷加工冲压生产线自动线其过程示意图

分配控制冲压生产线的 I/O 端口，如表 5-4 所示。

表 5-4　分配控制冲压生产线的 I/O 端口

输 入		输 出	
输入设备	输入编号	输出设备	输出编号
启动按钮 SB1	X000	数码管显示	Y000～Y007
暂停按钮 SB2	X001	进料带电动机	Y010
设定增加	X002	出料机械手左移电磁阀 YV1	Y011
设定减少	X003	进料机械手左移电磁阀 YV2	Y012
显示选择	X004	进料机械手吸合电磁阀 YV3	Y013
一号限位开关	X005	压模电磁阀 YV4	Y014
二号限位开关	X006	出料机械手右移电磁阀 YV5	Y015
三号限位开关	X007	出料机械手吸合电磁阀 YV6	Y016
—	—	进料机械手右移电磁阀 YV7	Y017
—	—	出料带电动机	Y020
—	—	显示设定数	Y021

输 入		输 出	
输入设备	输入编号	输出设备	输出编号
—	—	显示已加工数	Y022
—	—	显示待加工数	Y023

画出冲压生产线的状态转移图,如图 5-27 所示。

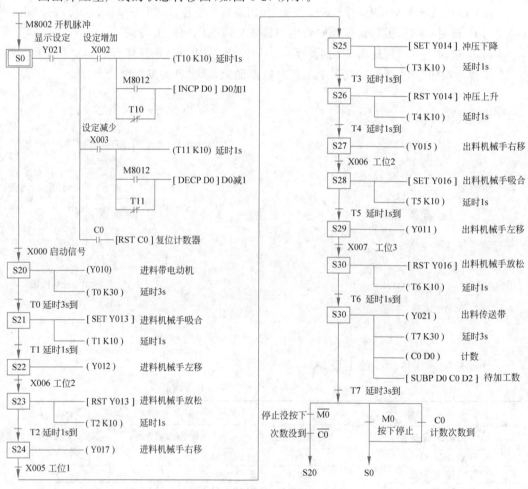

图 5-27 状态转移图

根据状态转移图编写控制程序,如图 5-28 所示。

案例二 PLC 控制环形传输分拣系统图如图 5-29 所示。按照需要将放置在料仓中待加工工件(原料)自动地推出到物料台上,然后按要求进行分拣输送,以便输送单元的机械手将其抓取,输送到其他单元上。环形皮带传送分拣与搬运控制要求如下。

运行前应先随机在供料仓中放入大工件,按下启动按钮后,驱动环形皮带的电动机开始正向运行。上料机构送出一个大工件后,按以下情况分拣:若上料机构输出的大工件为金属,则工件由 A 推拉杆剔除后重新等待供料;若上料机构输出的大工件为白色工

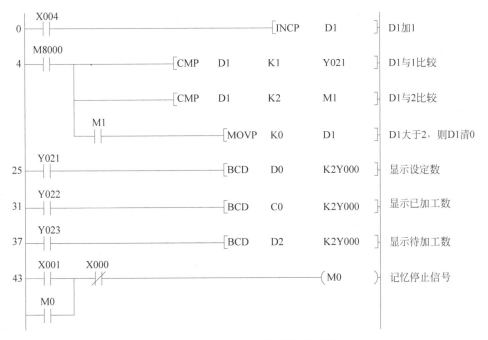

图 5-28 冷加工冲压生产线自动线梯形图

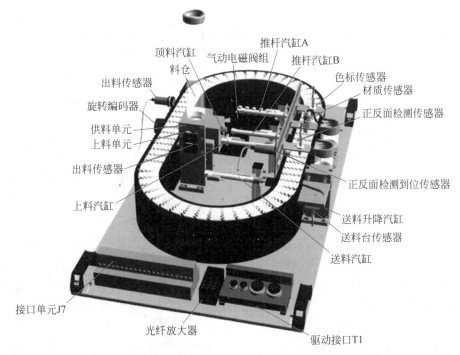

图 5-29 PLC 控制环形传输分拣系统图

件,则由 B 推拉杆剔除后重新等待供料。

送料台传感器检测到工件送出到位时,升降汽缸提升到位,由机器人搬运至装配单元。待装配单元装配完成后,再由机器人搬运至立体仓库的仓储单元,将工件放置到立体仓库检测平台后,搬运机器人返回原点,继续搬运下一个工件。直至按下停止按钮后,搬运机器人完成当前搬运工作后停止。

(1)确定 PLC 控制环形传输分拣系统的 I/O 端口分配,如表 5-5 所示。

表 5-5　PLC 控制环形传输分拣系统的 I/O 端口分配

输　　入		输　　出	
输入设备	输入编号	输出设备	输出编号
传送带电动机编码器	X000	输送带电动机	Y000
推料伸出限位	X001	顶料汽缸电磁阀	Y001
顶料伸出限位	X002	推料汽缸电磁阀	Y002
有料传感器	X003	A 推料杆汽缸电磁阀	Y003
出料台传感器	X004	B 推料杆汽缸电磁阀	Y004
A 推料杆汽缸推出限位	X005	送料汽缸电磁阀	Y005
A 工件位材质传感器	X006	—	—
B 推料杆汽缸推出限位	X007	—	—
B 工件位色标传感器	X010	—	—
送料汽缸伸出限位	X011	—	—
升降汽缸上升限位	X012	—	—
启动按钮 SB1	X013	—	—
停止按钮 SB2	X014	—	—

(2)画出状态转移图,如图 5-30 所示。

案例三　某制药过程中需要将两个容器的液体混合在一起,其混合装置的结构及控制要求如图 5-31 所示。图中,YV1、YV2 分别为 A、B 液体注入容器的电磁阀,电磁阀线圈通电时电磁阀打开,液体可以流入容器,YV 3 为混合后的液体 C 流出的控制电磁阀,容器里装有三个液位传感器 H、M、L,分别代表高、中、低三个液位传感器。M 为搅拌电动机,通过电动机控制搅拌结构,使容器里的液体充分混合均匀。控制要求如下。

该装置容器的初始状态为空,YV1、YV2、YV3 三个电磁阀都处于关闭,电动机 M 静止。当按下启动按钮,YV1 电磁阀打开,注入 A 液体,当 A 液体的液位达到 M 位置时,YV1 关断;然后将 YV2 电磁阀打开,注入 B 液体,当 B 液体达到 H 位置时,YV2 关断;接着开通电动机,驱动搅拌装置对 A、B 两种液体进行均匀混合,搅拌 20s 后,打开 YV3 电磁阀,A、B 的混合液体 C 流出,当液体 C 的液位下降到 L 位置时候,开始计时 20s,在此期间,液体 C 全部流出,20s 后关闭 YV3,一个完整的周期执行完毕。后面自动重复上述过程。

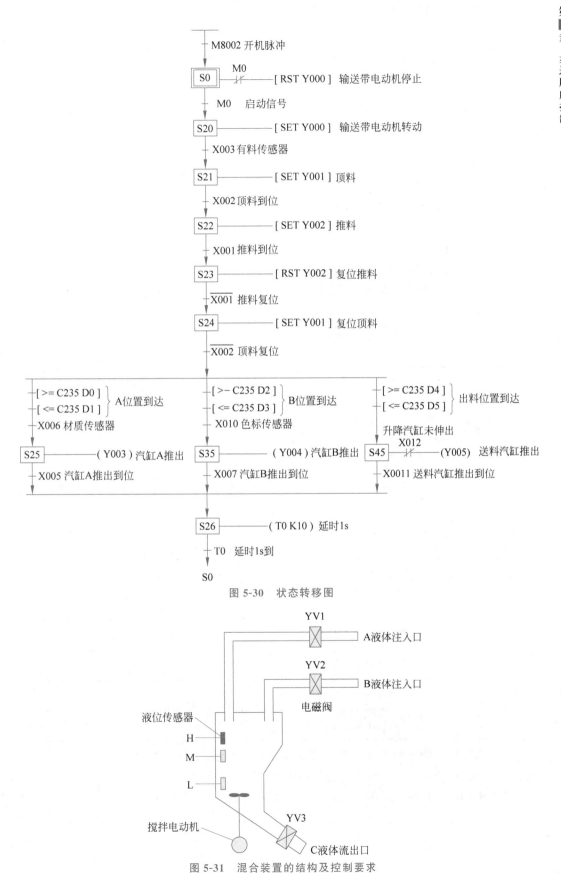

图 5-30　状态转移图

图 5-31　混合装置的结构及控制要求

当按下停止按钮后,装置依然能完成一个完整的周期才能停止。可以手动方式控制A、B液体的注入和液体C的流出,可以手动控制搅拌电动机的运行。

分析:该工程既可以按时间原则或者空间原则方式进行编程,也可以采用步进顺序控制编程。两种液体的混合装置有手动和自动控制两种方式,可以通过开关QS控制,当QS闭合时为自动控制方式,当QS断开时为手动控制方式。如果工作在自动控制方式,必须保证系统在复位状态,即处于原点位置,否则系统无法进入自动控制方式。系统的原点条件为所有的液位传感器均断开,所有电磁阀均关闭,电动机停转。

不管采用何种编程方案,其基本的步骤都必须考虑以下几点。

(1)PLC的选型。

(2)PLC的端口分配。

(3)PLC的I/O端口硬件连接图。

(4)编写程序并进行调试,直到完全达到控制功能为止。

其具体步骤如下。

(1)根据控制系统的要求进行端口的确定,其I/O端口分配如表5-6所示。

表5-6　I/O端口分配

输　　入			输　　出		
输入设备	输入端子	功能说明	输出设备	输出端子	功能说明
SB1	X0	系统启动	KM1 线圈	Y1	控制 A 液体电池阀
SB2	X1	系统停止	KM3 线圈	Y3	控制 B 液体电池阀
SQ1	X2	检测低液位	KM5 线圈	Y5	控制 C 液体电池阀
SQ2	X3	检测中液位	KM7 线圈	Y7	驱动搅拌电动机工作
SQ3	X4	检测高液位	—	—	—
QS	X10	手动/自动切换控制	—	—	—
SB3	X11	手动控制 A 液体流入	—	—	—
SB4	X12	手动控制 B 液体流入	—	—	—
SB5	X13	手动控制 C 液体流出	—	—	—
SB6	X14	手动控制搅拌电动机	—	—	—

(2)根据端口的分配表画出 PLC 控制系统的硬件连线图,控制线路如图 5-32 所示。

(3)根据控制系统要求画出状态转移图,如图 5-33 所示。

(4)根据要求编写梯形图,如图 5-34 所示。

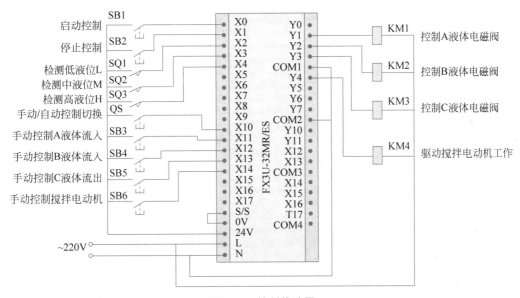

图 5-32　控制线路图

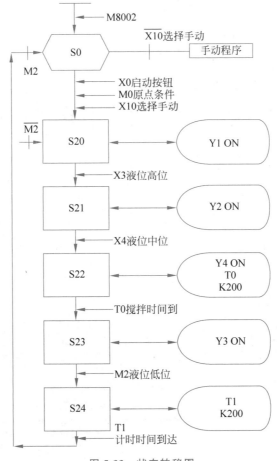

图 5-33　状态转移图

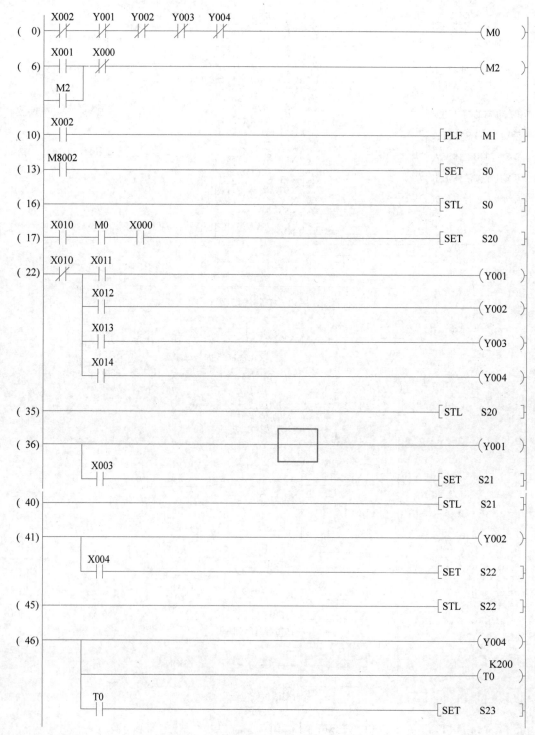

图 5-34 梯形图

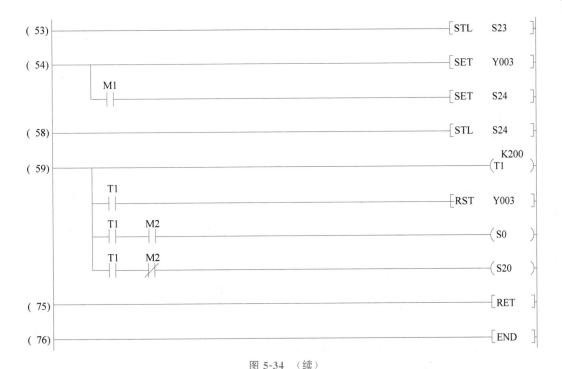

图 5-34 （续）

案例四　某加热炉自动送料装置,该动力头的加工过程示意图如图 5-35 所示。

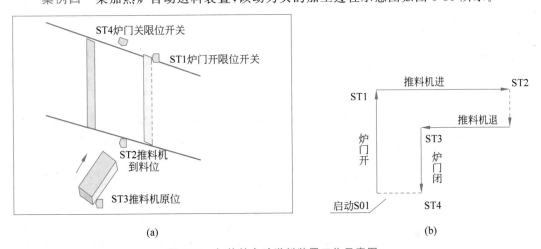

(a)　　　　　　　　　　　　(b)

图 5-35　加热炉自动送料装置工作示意图

其控制要求如下。

（1）按 S01 启动按钮→KM1 得电,炉门电动机正转→炉门开。

（2）压限位开关 ST1→KM1 失电,炉门电动机停转; KM3 得电,推料机电动机正转→推料机进,送料入炉到料位。

（3）压限位开关 ST2→KM3 失电,推料机电动机停转,延时 3s 后,KM4 得电,推料机电动机反转→推料机退到原位。

（4）压限位开关 ST3→KM4 失电，推料机电动机停转；KM2 得电，炉门电动机反转→炉门闭。

（5）压限位开关 ST4→KM2 失电，炉门电动机停转；ST4 动合触点闭合，并延时 3s 后才允许下次循环开始。

（6）上述过程不断运行，若按下停止按钮 S02 后，立即停止，再按启动按钮继续运行。

分析与设计：

（1）根据控制系统的要求进行端口的确定，其 I/O 端口分配如表 5-7 所示。

表 5-7　I/O 端口分配

输　　入		输　　出	
输入设备	输入编号	输出设备	输出编号
启动按钮 S01	X00	炉门开接触器 KM1	Y00
停止按钮 S02	X01	炉门闭接触器 KM2	Y01
限位开关 ST1	X02	推料机进接触器 KM3	Y02
限位开关 ST2	X03	推料机退接触器 KM4	Y03
限位开关 ST3	X04	—	—
限位开关 ST4	X05	—	—

（2）画出状态转移图，如图 5-36 所示。

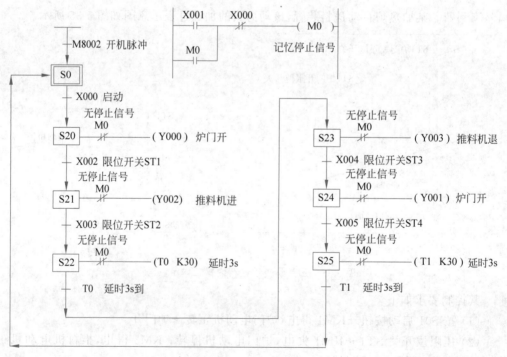

图 5-36　状态转移图

（3）根据状态转移图画出梯形图，如图 5-37 所示。

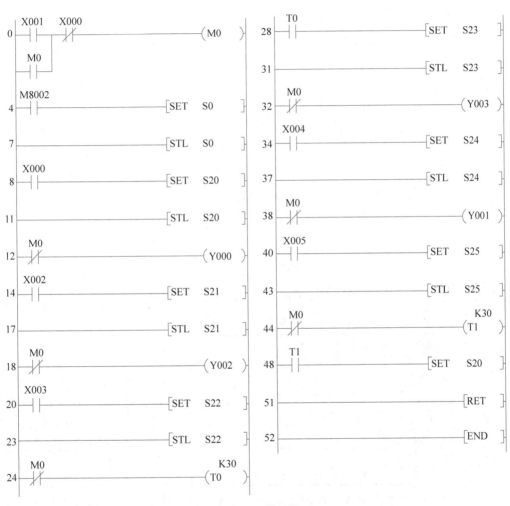

图 5-37　梯形图

习题

1. 画出题图 5-1 所示流程图的步进梯形图并列出指令表。

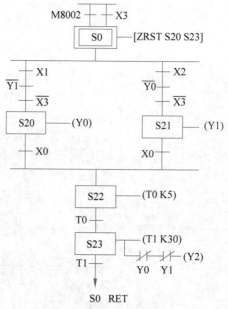

题图 5-1　步进梯形图

2. 根据题表 5-1 所示的指令表画出其对应的状态转移图和梯形图。

题表 5-1　指令表

序号	指令	序号	指令	序号	指令	序号	指令
1	LD M8002	8	STL S21	15	OUT Y4	22	LD X2
2	SET S0	9	OUT Y1	16	LD X4	23	SET S23
3	STL S0	10	LD X1	17	SET S25	24	STL S23
4	OUT Y0	11	SET S22	18	STL S25	25	OUT Y3
5	LD X0	12	STL S22	19	OUT Y5	26	LD X3
6	SET S21	13	OUT Y2	20	STL S22	27	OUT S0
7	SET S24	14	STL S24	21	STL S25	28	RET

3. 组合汽缸的来回动作。题图 5-2 为组合汽缸的动作状态图。组合汽缸的功能如下。

初始状态时,汽缸 1 和汽缸 2 都处于缩回状态。在初始状态,当按下启动按钮,进入状态 1。

状态 1:汽缸 1 伸出,伸出到位后,停 2s,进入状态 2。

状态 2:汽缸 2 伸出,伸出到位后,停 2s,进入状态 3。

状态 3:汽缸 2 缩回,缩到位后,停 2s,进入状态 4。

状态 4:汽缸 1 缩回,缩到位后,停 2s,开始进行状态 1。如此循环。

在汽缸动作过程中,若按下停止按钮,汽缸完成一个动作周期,回到初始状态后,才能停止。

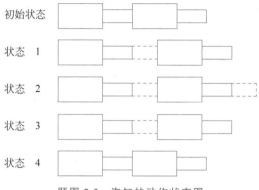

题图 5-2　汽缸的动作状态图

4. 4 台电动机 M1、M2、M3、M4 顺序启动,反顺序停止。启动时 M1→M2→M3→M4,间隔 3s、4s、5s；停止时 M4→M3→M2→M1,间隔 5s、6s、7s。控制要求如下:

(1) 有启动,停止按钮。

(2) 启动时有故障要停止。如果某台电动机有故障,按停止按钮,这台电动机要立即停止；已启动的,延时停机。

(3) 工作时有故障要停机。如果某台电动机有故障,则这台电动机及前方的电动机立即停止,其余的延时顺序停止。例如,M3 有故障,则 M3、M4 要立即停止。延时 6s 后 M2 停止,再延时 7s 后 M1 停止。

试用步进顺序控制方法编程,画出流程图、I/O 分配图和梯形图。

5. 用步进梯形图的方法编写实现广告牌字体闪光控制,分别用 Y1、Y2、Y3、Y4、Y5 控制灯光,使"成都欢迎你"5 个字明亮闪烁,控制流程如题表 5-2 所示。

题表 5-2　控制流程表

步序	1s	1s	1s	1s	1s	1s	1s	1s	1s	1s
Y1	+					+	+		+	
Y2		+				+	+		+	
Y3			+			+	+		+	
Y4				+		+	+		+	
Y5					+	+	+		+	

注:"+"为得电,空白为不得电。

6. 机械手动作控制如题图 5-3 所示。机械手原位于左上方,压下上限行程开关 SQ2,左限行程开关 SQ4,机械手的下降、上升、右移和左移分别用 Y1、Y2、Y3、Y4 来控制电磁阀实现。机械手的工作循环为原位启动—下降(至下限位)—夹紧工件(Y0 得电)—上升(至上限位 SQ2)—右移(至 SQ3)—下降到 B 位(SQ1)—放松工件(Y0 失电)—上升(至 SQ2)—左移(至 SQ4)。控制要求如下:

(1) 有原位指示,能实现自动和点动循环两种工作方式。

（2）能实现点动、自动循环、单周和步进四种工作状态。

（3）为确保安全，只有确认 B 位置无工件时，机械手才能下降，用光电检测。

试用步进顺控方法编写自动循环工作部分，画出 I/O 分配图、步进梯形图、列出指令表。

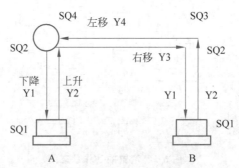

题图 5-3　机械手动作控制图

7. 以 PLC 为控制单元设计全自动洗衣机控制系统，控制要求如下。

（1）按下启动按钮 X0 后，进水电磁阀 KA1（Y0 为 ON）打开开始进水，达到高水位（高水位开关动作闭合）时停止进水，进入洗涤状态。

（2）洗涤时内桶正转（脱水电磁离合器失电状态）洗涤 15s 暂停 3s，再反转洗涤 3s，又正转洗涤 15s 暂停 3s，如此反复 30 次。

（3）洗涤结束后，排水电磁阀 KA2（Y3 为 ON）打开，进入排水状态。当水位下降到低水位时（低水位开关 X2 断开），进入脱水状态（脱水电磁离合器断开，同时仍然处于排水状态），脱水时间为 10s。这样完成从进水到脱水的一个大循环。

（4）经过 3 次上述大循环后，自动报警（KA4 输出得电），报警 10s 后，自动停机。

根据上述要求画出 I/O 分配图、状态转移图和梯形图。

8. 以 PLC 为控制单元设计自动搅拌系统，如题图 5-4 所示，控制要求如下：

（1）初始状态时，进料阀门 A 和出料阀门 B 均关闭。按下启动按钮 SB，进料阀门 A 打开，开始进料。

（2）当物料上升到使得传感器 L1 的触点接通时，搅拌机开始搅拌。

（3）搅拌 6min 后，停止搅拌，打开阀门 B，进行出料。

（4）当物料下降到使得传感器 L2 的触点断开时，关闭出料阀门 B，再重新打开进料阀门开始进料，重复循环上述过程。

（5）设有停止按钮，可随时停止搅拌系统运行。

根据上述要求画出 I/O 分配图、状态转移图和梯形图。

9. 以 PLC 为控制单元设计自动售货机控制系统，控制要求如下。

（1）投入的硬币只能是 1 角、5 角和 1 元三种。

（2）有汽水和咖啡两种饮料可以选择，汽水的价格是 2 元，咖啡的价格是 3 元。

（3）当投入的钱币大于或等于 2 元时，按下汽水的选择按钮可以出汽水；当投入的钱币大于或等于 3 元时，按下咖啡的按钮可以出咖啡。

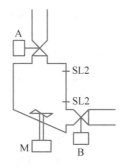

题图 5-4 自动搅拌系统

（4）钱币没有用完或中途终止操作，均可按下退币按钮，系统自动退回钱币。

（5）当系统饮料用完或钱币不足时，报警系统工作，通知工作人员。

根据上述要求画出 I/O 分配图和梯形图。

10. 以 PLC 为控制单元的自动门控制系统如题图 5-5 所示，其工作过程如下。

（1）当有人靠近自动平移门时，红外传感器 SQ1 接收到信号为 ON，电动机高速开门。

（2）高速开门过程中，当碰到开门减速开关 SQ2 时，Y004 驱动电动机转为低速开门。

（3）当再次碰到开门极限开关 SQ3 时，驱动电动机停止转动，完成开门控制。

（4）在自动门打开后，若在 0.5s 内红外传感器 SQ1 检测到无人，则 Y002 驱动电动机高速关门（此时的关门速度与开门速度刚好相反）。

（5）在平移门高速关门过程中，当碰到关门减速开关 SQ4 时，Y003 驱动电动机低速关门（此时的关门速度与开门速度刚好相反）。

（6）当再次碰到开门极限开关 SQ5 时，驱动电动机停止转动，完成关门控制，回到初始状态。

（7）在关门期间，若红外传感器 SQ1 检测到有人，玻璃自动平移门会自动停止关门，并且会在 0.5s 后自动转换成高速开门，进入下一次工作过程。

根据上述要求画出 I/O 分配图、状态转移图和梯形图。

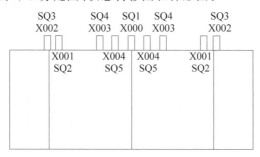

题图 5-5 自动门控制系统

11. 在实际生产控制中通常会有设备工作台或运料小车的多地自动往返循环控制的情况，题图 5-6 就是一辆运料小车三地自动往返循环控制的工作场景及其工作示意图。

通过利用步进顺控设计法,采用 PLC 控制系统实现对送料小车的三地自动往返循环控制。其控制要求如下。

（1）启动系统后,小车在初始位置停止在原料库,当按下启动按钮 SB2 时,5s 后送料小车载着加工原料前往加工车间,途中经过成品库撞压行程开关 SQ2,但送料小车没有停止,直到前进加工车间撞压行程开关 SQ3 后,送料小车停止自动卸料并装上成品,5s 后送料小车返回。

（2）当送料小车返回到成品库时,撞压到行程开关 SQ2,小车停止 5s 后,将产品卸下;然后空车返回至加工车间,到达加工车间撞压行程开关 SQ3 后,送料小车停止,将废品装车,后装上废品的送料小车返回原料库;在返回途中经过成品库时,撞压行程开关 SQ2,但小车没有停止,直到到达原料库撞压行程开关 SQ1 后,送料小车停止自动卸下废品并装原料,5s 后送料小车继续下一个循环进行送料;如此自动循环。

（3）如需小车停止,按下停止按钮 SB1。

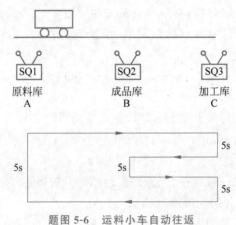

题图 5-6　运料小车自动往返

第

6

章

功能指令

PLC 控制技术多用于顺序控制、逻辑控制,其作用是利用 PLC 内部的软元件(输入继电器、输出继电器、辅助继电器、状态继电器、定时器、计数器等)代替相应的物理元器件对工业控制系统进行继电控制、顺序控制。随着 PLC 技术的发展,PLC 具备了工业控制计算机的功能,并在 PLC 的顺序控制、逻辑控制功能之外加入了一些特殊功能,以尽可能满足 PLC 的特定应用要求。从 20 世纪 80 年代开始,各 PLC 制造商逐步在 PLC 中增加一些能实现特定功能的子程序,以使 PLC 编程更加容易实现复杂功能的控制。这些能实现特定功能的子程序称为功能指令,也称为应用指令。

FX 系列 PLC 的功能指令主要包括程序流程控制、数据传送和比较、算术逻辑运算、数据处理、外部设备控制等指令,利用这些 PLC 功能指令可以完成较复杂的控制任务。FX 系列 PLC 的功能指令按功能号(FNC00~FNC250)编排。本章对比较常用的功能指令进行讲解及应用。

6.1 功能指令概述

1. 功能指令格式

PLC 功能指令按照功能号编排,每条功能指令都有对应的助记符,用于表明要执行的功能。在简易编程器中输入功能指令时采用功能号进行输入,在编程软件中输入功能指令时采用助记符进行输入。一条功能指令由助记符或功能号、操作数组成,功能指令的一般格式:

$$助记符 \quad \underbrace{[S.] \quad m \quad [D.] \qquad n}_{操作元件}$$

示例:MOV D10 D12 ⟶ 将数据寄存器 D10 的值传送到数据寄存器 D12 中。

(1) 助记符:即为 PLC 的功能指令,如示例中的"MOV"(数据传送),其功能号为 FNC12。每个助记符表示一种功能指令,有对应的 FNC 功能号。

(2) 操作元件:某些功能指令只有助记符,但大多数功能指令在助记符之后还带有操作元件(或称为操作数)。操作元件表明助记符将要操作的对象,一般由 1~5 个操作元件构成。不同的功能指令所带的操作元件不同,操作元件主要有以下组成部分:

① 源操作元件[S.]:源操作元件用[S.]表示,用以指示取值元件。一个源操作元件用[S.]表示,多个源操作元件用[S1.]、[S2.]、[S3.]等表示,S 后面的"."表示可以使用变址功能。

② 目标操作元件[D.]:目标操作元件用[D.]表示,用以指定结果存放元件。一个目标操作元件用[D.]表示,多个目标操作元件用[D1.]、[D2.]、[D3.]等表示,D 后面的"."表示可以使用变址功能。

③ 常数 K、H:源操作元件和目标操作元件既可以是元件也可以是常数。当源操作元件和目标操作元件为常数时,用 K 表示十进制数,用 H 表示十六进制数,如 K123 表示十进制常数 123,H123 表示十六进制数常数 123(等于十进制数常数 291)。

④ 辅助操作元件 m、n:若源操作元件和目标操作元件的数量有多个,则用 m 对源操作元件作补充说明,用 n 对目标操作元件作补充说明。

⑤ 助记符后带字符"P"：助记符后带字符"P"表示该功能指令具有脉冲执行功能。脉冲执行功能是指功能指令在被控制输入触点的上升沿驱动，即被控制输入触点的上升沿时执行该功能指令。例如，功能指令"MOVP"表示在被控制输入触点的上升沿时执行"MOV"功能。

⑥ 助记符前带字符"D"：助记符前带字符"D"表示该功能指令处理 32 位数据，不带"D"的表示功能指令处理 16 位数据。例如，功能指令"DMOV"表示传送的数据是 32 位数据。

功能指令的助记符（功能号）占 1 个程序步，操作元件占 2 个或 4 个程序步，取决于功能指令是 16 位还是 32 位的操作数。另外，某些功能指令在整个程序中只能出现一次，即使利用跳转指令将其分成两段不可同时执行的程序也不允许，但可以利用变址寄存器多次改变其操作元件。

注意：在本章的论述讲解中，用 MOV(P)表示既可以执行 MOV 指令又可以执行 MOVP 指令，用 DMOV(P)表示既可以执行 DMOV 指令又可以执行 DMOVP 指令。

2. 数据长度

PLC 的功能指令可以处理 16 位和 32 位的数据，如图 6-1 所示。

图 6-1 16 位和 32 位数据处理示例

处理 32 位数据时，用操作元件号相邻的两个元件组成元件对，形成 32 位数据。元件对的首元件号用奇数、偶数均可，但为避免错误，元件对的首元件号统一用偶数编号。

另外，32 位计数器(C200～C255)不能用作 16 位指令的操作数。

3. 位元件和字元件及位元件组合

(1) 位元件和字元件：只处理 ON/OFF（即 1/0）状态的软元件称为位元件，如 X、Y、M 和 S 等元件；其他处理数字数据的元件称为字元件，如 T、C、D、V、Z 等元件。

(2) 位元件组合：位元件组合由 Kn 加首位的位元件号组成字元件，可以用于处理数字数据。位元件每 4 位为一组基本组合单元，Kn 中的 n 表示基本组合单元的组数。16 位数据操作时为 K1～K4，32 位数据操作时为 K1～K8。例如：K1X0 表示以 X0 为第一个位元件开始的 X3X2X1X0 构成的 4 位位元件组成的字元件数据；K2M0 表示以 M0 为第一个位元件开始的 M7M6M5M4M3M2M1M0 组成 2 个 4 位基本组合单元，构成 8 位字元件数据；K8M20 表示以 M20 为第一个位元件开始的 M51～M20 构成的 32 位字元件数据。

当一个 16 位的数据传送到 K1M0、K2M0 或 K3M0 时，低位数据有效，高位数据无效。32 位数据传送时也一样。

将 K1M0、K2M0 或 K3M0 传送到 16 位数据寄存器时，参与操作的位元件数量由

K1、K2、K3 指定,高位(不足部分)均为 0。32 位数据传送时也一样。

另外,被组合的位元件的首元件号可以是任意的,但为了避免混乱采用以 0 结尾的元件,如 M0、M10、M20 等。

4. 变址寄存器

变址寄存器分别为 V 和 Z,在数据传送、比较指令中常用来修改操作对象的元件号。V 和 Z 用于修改源操作元件号,也可以用于修改目的操作元件号。变址寄存器 V 和 Z 与普通用途数据寄存器一样,是进行数据读写的 16 位数据寄存器。变址寄存器 V 有 V0、V1、V2、V3、V4、V5、V6、V7,共 8 个;变址寄存器 Z 有 Z0、Z1、Z2、Z3、Z4、Z5、Z6、Z7,共 8 个。

V 和 Z 可组合进行 32 位运算,此时 V 为高 16 位,Z 为低 16 位。在 32 位指令中用到变址寄存器时,只需要指定低位变址寄存器 Z 即可,自动组成的 32 位变址寄存器分别为(V0,Z0)、(V1,Z1)、(V2,Z2)……(V7,Z7),共 8 个。

变址寄存器主要用于改变软元件地址号。功能指令中的操作元件[S.]和[D.]中的".表示可以加入变址寄存器。例如,V1=10,Z1=4,则:

$$X2V1=X12 \quad T2V1=T12 \quad X0Z1=X4 \quad T2Z1=T6$$

$$Y4V1=Y14 \quad C5V1=C15 \quad Y4Z1=Y8 \quad C4Z1=C8$$

$$M10V1=M20 \quad D5V1=D15 \quad M10Z1=M14 \quad D5Z1=D9$$

如图 6-2 所示的变址寄存器操作,均是利用变址寄存器改变操作对象的元件号。

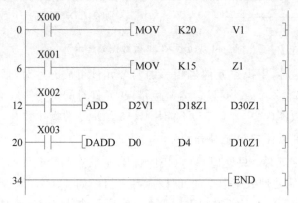

图 6-2　变址寄存器操作示例

如图 6-2 所示的变址寄存器操作示例,各功能指令含义如下:

MOV　K20　V1　→　将常数 K20 送到 V1 中;

MOV　K15　Z1　→　将常数 K15 送到 Z1 中;

ADD　D2V1　D18Z1　D30Z1　→　将(D22)＋(D33)送到 D45 中;

DADD　D0　D4　D10Z1　→　将((D1,D0)＋(D5,D4))送到(D26,D25)中。

5. 整数与实数

(1) 整数。

PLC 中整数的表示及运算采用 BIN(二进制)码格式,可以用 16 位或 32 位元件来表示整数,其中最高位为符号位,0 表示正数,1 表示负数。负数以补码形式表示。

整数可表示的范围:16 位时范围为－32768～＋32767,32 位时为－2147483648～＋2147483647。整数在表示范围受到限制外,在进行科学计算时产生的误差也较大,所以可以引入实数。

(2)实数。

① 实数浮点数格式。实数必须用 32 位来表示,通常用数据寄存器来存放实数。实数的浮点数格式由"符号""尾数""指数"三部分构成,实数值＝S·(1·f)·($2E-127$),格式如图 6-3 所示。

图 6-3 实数浮点数格式及浮点数示例

符号位 S:±,0 表示正数,1 表示负数。

指数位 E:由 8 位构成,E＝指数真值＋127,即指数真值＝E－127,127 为偏移值。

尾数位 f:由 23 位构成,f＝真值(源码)。

浮点实数的范围:$\pm 3.403 \times 10^{38} \sim \pm 1.175 \times 10^{-38}$。

为了提高数据的表示精度,当尾数不为 0 时,尾数域的最高有效位应为 1,称为浮点数的规格化表示。否则,需修改指数 E,同时左右移动小数点的位置,使其变成规格化数的形式。例如,图 6-3 所表示的实数浮点数,S＝0,E＝133＝10000101,f＝111011001;对应的规格化浮点为 $1.111011001 \times 2^{133-127}$,也可以表示 1.111011001×2^6;对应的二进制数为 1111011.001,将二进制数的整数部分和小数部分分别转化为十进制数,其值为123.125。

② 实数科学记数格式。PLC 内实数的处理是采用浮点数格式的,但浮点数格式不利于监视,所以引入实数的科学记数格式。科学记数格式是一种介于二进制码与浮点数格式之间的表示方法,用这种方法来表示实数需占用 32 位,即两个字元件。实数科学记数格式通常用数据寄存器对(如 D1、D0)来存放,此时序号小的数据寄存器(如 D0)存放尾数,序号大的数据寄存器存放以 10 为底的指数。科学记数格式:

$$实数＝尾数 \times 10^{指数}$$

尾数范围:±(1000～9999)或 0

指数范围:－41～＋35

例如,十进制数 123.45,科学记数法可以表示为 1.2345×10^2,其中 1.2345 为尾数,10 为基数,2 为指数。

本章介绍的是 FX 系列 PLC 可供使用的功能指令,不同型号的 PLC(如 FX1S、

FX1N、FX2N、FX3U、FX3G 等)仅可使用部分功能指令,具体使用可查阅相关资料。

6.2 程序流控制指令

PLC 依靠执行程序来实现特定的功能控制,CPU 根据存储器的程序指令内容及程序顺序依次按顺序执行。为便于程序的编写及控制,在程序顺序执行过程中可以使用程序流程控制指令对程序执行流程进行控制,以实现程序的条件跳转、子程序调用及返回、循环控制、中断控制及返回等功能。

1. 条件跳转指令

条件跳转指令 CJ 或 CJP(后续叙述统一采用 CJ(P)表示既可以执行 CJ 指令,又可以执行 CJP 指令,功能编号为 FNC00)用于跳过顺序程序中的某一部分程序行,跳转到指定位置执行程序,条件跳转指令格式与功能如表 6-1 所示。

表 6-1   条件跳转指令格式与功能

助记符	格式	功能	程序步数
CJ(P) (FNC00)	CJ(P) Pn	条件满足时,跳转到 Pn 指针所指示的程序行,然后完成程序执行	CJ(P): 3 步 Pn: 1 步

指令格式中的操作元件为 Pn,其取值范围视 PLC 型号不同而异。例如,FX1S 型 n 为 0~63,FX2N、FX1N 型 n 为 0~127,FX3U、FX3G 型 n 为 0~2047。其中 P63、P127、P2047 即为 END,不需要再标号。

条件跳转指令常用在选择性地执行程序的情况,如手动执行程序与自动执行程序的选择等。条件跳转指令程序示例如图 6-4 所示。

说明:

(1) 图 6-4 程序执行过程中,若 X0 接通,则程序跳转到 P0 所指的程序行执行;若 X0 断开(或 X2 接通),则程序顺序执行,不跳转。

(2) 可允许多个 CJ 指令使用相同的 Pn 指针,图 6-4 程序中若 X0 接通或 X0、X2 同时断开,则程序执行均可跳转到 P0 所指的程序行,然后完成程序执行。

(3) 程序可以多次跳转,图 6-4 程序中若 X0(或 X2)、X5 条件满足,则实现多次跳转,多次跳转时指针 Pn 按照从小到大的顺序排列。

(4) 指针 Pn 标号在程序左母线进行标示,且指针标号只能出现一次,否则将出错。

(5) 程序跳转后,对未被执行的指令,即使输入元件的状态发生改变也不会影响到输出元件的状态(对应输出元件的状态保持不变)。

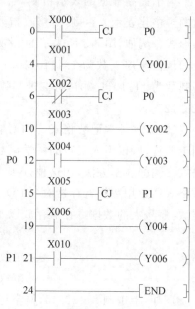

图 6-4   条件跳转指令程序示例

2. 子程序调用及返回指令

子程序调用及返回指令 CALL(功能编号为 FNC01)、SRET(功能编号为 FNC02)、FEND(功能编号为 FNC06)用于功能子程序调用及返回操作。子程序调用及返回指令格式与功能如表 6-2 所示。

表 6-2　子程序调用及返回指令格式与功能

助记符	格式	功　　能	程序步数
CALL(P) (FNC01)	CALL(P)　　Pn	条件满足时,调用 Pn 指针所指示的子程序行,然后完成程序执行	CALL(P):3 步 Pn:1 步
SRET(P) (FNC02)	SRET	从子程序返回到 CALL 的下一步继续执行	SRET(P):1 步
FEND (FNC06)	FEND	标识主程序的结束	FEND:1 步

指令格式中的操作元件为 Pn,其取值范围视 PLC 型号不同而异。例如,FX1S 型 n 为 0~63,FX2N、FX1N 型 n 为 0~127,FX3U、FX3G 型 n 为 0~2047。其中 P63、P127、P2047 即为 END,不需要再标号。

子程序调用示例如图 6-5 所示。

说明:

(1) 图 6-5 中,P1 是程序步 9 的指针,程序执行到程序步 2 时,若 X2 接通,则程序跳转到指针 P1 所指的程序行执行,一直到子程序返回指令 SRET,然后立即返回到子程序调用指令[CALL P1]的下一行指令继续执行主程序,直到主程序结束指令[FEND]为止。

(2) 子程序调用指令中的指针 Pn 和子程序都必须放在主程序结束指令 FEND 之后。

(3) CALL 指令和 CJ 指令的指针标号不能是同一个标号,因为 CJ 指令是在主程序内部实现跳转,而 CALL 指令是跳转到主程序之外的子程序执行。

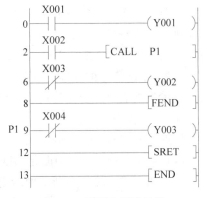

图 6-5　子程序调用示例

(4) 子程序可以被多次调用,且可以嵌套调用,但嵌套的层数不能大于 5 层。另外,不同嵌套的 CALL 指令可以调用同一个指针标号的子程序。

(5) 子程序必须以 SRET 指令作为结束标志。

(6) 在子程序中若使用定时器,规定定时器的范围为 T192~T199 和 T246~T249。

3. 中断指令

中断是指在主程序的执行过程中被某些重要事件打断(主程序被中断),转而去执行该重要事件的处理程序(中断服务程序)的一种工作方式。与中断相关的指令助记符分别为 IRET(功能编号为 FNC03)、EI(功能编号为 FNC04)、DI(功能编号为 FNC05),用于处理中断相关操作。中断指令格式与功能如表 6-3 所示。

表 6-3 中断指令格式与功能

助记符	格式	功 能	程序步数
IRET (FNC03)	IRET	中断子程序返回指令,自动返回到被中断执行的指令 继续执行	IRET:1 步
EI (FNC04)	EI	允许中断,允许响应 EI 指令、DI 指令或 FEND 指令之 间未被屏蔽的中断输入信号	EI:1 步
DI (FNC05)	DI	禁止中断,禁止 DI 指令与 EI 指令之间的中断输入信 号产生中断,但会保留该中断输入信号直到下一个 EI 指令之后才会产生中断	DI:1 步

PLC 默认情况是处于禁止中断状态,若允许某程序段开启中断,则需要在该程序段前执行 EI 指令;若禁止某程序段开启中断,则需要在该程序段前执行 DI 指令;EI 与 DI 之间的程序段为允许中断的区间;EI 与 FEND 之间若无 DI 指令,则 EI 与 FEND 之间的程序段为允许中断的区间;DI 指令之后的程序段均为禁止中断的区间,直到 EI 指令为止;在禁止中断区间(DI 与 EI 指令之间)产生中断信号时,PLC 将会记录(保存)该中断信号,直到 EI 指令执行后再跳转到对应的中断子程序(相当于中断滞后响应)执行。

中断指令不带操作元件,当产生中断时自动跳转到中断指针 Ixmn 所指示的中断子程序执行。中断指针 Ixmn 中的 xmn 对应各中断输入的三位数字代码,以表示具体的中断入口。中断指针 Ixmn 程序步长为 1 步。

另外,中断信号的脉冲必须超过 $20\mu s$。多个中断信号顺序产生时,最先产生的中断信号有优先响应权。若同时产生 2 个及以上的中断信号,则中断指针号(xmn)较低的优先级高,具有优先响应权。中断在执行过程中,不响应其他中断(其他中断为等待状态)。

根据中断信号的不同分为输入中断、定时器中断和高速计数器中断三种。

(1) 输入中断。输入中断是中断信号由输入端子产生中断信号,进而跳转到中断子程序的工作方式。输入中断的中断指针 Ixmn 格式图 6-6(a)所示,中断指针 I401 表示程序执行到 X4 时,如输入一个上升沿将产生中断,跳转到 I401 指针所在程序步开始执行中断子程序,一直到 IRET 为止,之后返回到主程序被中断的位置继续执行程序。

图 6-6(b)中,一开始执行 EI 指令允许中断;当 X2 由 OFF→ON 且保持 ON 时,产生输入中断,并跳转到 I201 中断指针所指位置执行中断子程序,将 K100 送到 D1 数据寄存器中,然后执行 IRET 指令返回到主程序中断的指令继续执行,对定时器 T1 进行定时,定时时间为 D1 中的值 K100,当定时时间到时,T1 触点闭合,Y2 线圈得电。

(2) 定时器中断。定时器中断用于需要指定具体时间后产生中断,并执行中断子程序的地方,主要用于高速处理或每隔一定时间执行中断程序的场合。中断指针格式如图 6-7(a)所示,定时器中断由编号为 I6、I7、I8 的三个专用定时器中的一个执行,在 10～99ms 中任选一个作为中断设定时间,每隔此设置时间就中断一次,如 I620 表示每 20ms 执行一次指针为 I620 的定时器中断子程序。

图 6-7(b)中,一开始执行 EI 指令允许中断;当 X2 由 OFF→ON 时,线圈 M0 得电。

(a) 格式

(b) 应用示例

图 6-6 输入中断指针格式与示例

(a) 格式

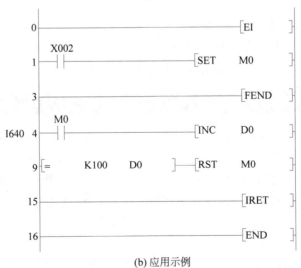

(b) 应用示例

图 6-7 定时中断指针格式与示例

M0 得电后,执行定时中断指针 I640,每隔 40ms 使 D0 加 1,直到 D0 的值等于 K100 时,复位 M0。

(3)高速计数器中断。高速计数器中断根据与高速计数器的当前值相比较,如果相等则转到高速计数器中断指针指示的中断子程序执行。高速计数器中断指针格式与示例如图 6-8(a)所示。

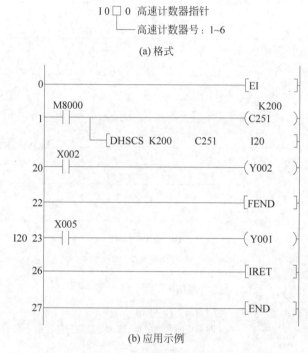

(a)格式

(b)应用示例

图 6-8 高速计数器中断指针格式与示例

图 6-8(b)中,一开始执行 EI 指令允许中断;随后启动高速计数器 C251 进行计数,同时将 K200 与 C251 的当前值比较,当 C251 的当前值由 199 变到 200 时,参数高速计数器中断,并跳转到 I20 处执行相应的计数器中断服务程序。

6.3 比较指令和传送指令

比较指令与传送指令主要包括比较指令 CMP(功能编号为 FNC10)、区间比较指令 ZCP(功能编号为 FNC11)、传送指令 MOV(功能编号为 FNC12)、移位传送指令 SMOV(功能编号为 FNC13)、取反指令 CML(功能编号为 FNC14)、块传送指令 BMOV(功能编号为 FNC15)、多点传送指令 FMOV(功能编号为 FNC16)、数据交换指令 XCH(功能编号为 FNC17)、BCD 交换指令 BCD(功能编号为 FNC18)和 BIN 交换指令 BIN(功能编号为 FNC19)。

表 6-4 列出比较指令 CMP(功能编号为 FNC10)和区间比较指令 ZCP(功能编号为 FNC11)格式与功能。

表 6-4　比较指令与区间比较指令格式与功能

助记符	格式	功　能	程序步数
CMP(FNC10)	CMP	将源[S1.]和[S2.]的数据比较,结果送到目标[D.]中	1 步
ZCP(FNC11)	ZCP	用于将一个数据与两个源数据值比较,结果送到目标[D.]中	1 步

1. 比较指令

如图 6-9 所示,比较指令 CMP(功能编号为 FNC10)用于将源[S1.]和[S2.]的数据比较,结果送到目标[D.]中。这里源数据作代数比较(如－10＜2),且所有源数据均作为二进制数值处理。

CMP 指令将 S1 的数据与 S2 的数据进行比较,比较结果由首地址为 D 的 3 个连续位设备表示,如表 6-6 所示。位设备说明:S2＜S1,位设备 D＝ON;S2＝S1,位设备 D＋1＝ON;S2＞S1,位器件 D＋2＝ON。

图 6-9　CMP 比较指令应用示例

说明:X4 接通一下,比较指令开始执行。当 X2 闭合 9 次以下或 9 次,K10＞C0 当前值,M9＝1,Y0 得电;当 X2 闭合 10 次,K10＝C0 当前值,M10＝1,Y1 得电;X2 闭合 11 次或 11 次以上,K10＜C0 当前值,M11＝1,Y2 得电;X3 接通一下,将 C0 复位,此时又 M9＝1,Y0 得电。

2. 区间比较指令

如图 6-10 所示,区间比较指令 ZCP(功能编号为 FNC11)用于将一个数据与两个源数据值比较。ZCP 指令将 S3 的数据与 S1～S2 的数据范围进行比较,比较结果由首地址为 D 的 3 个连续位设备表示。位设备说明:S3＜S1,位设备 D＝ON;S1≤S3≤S2,位设备 D＋1＝ON;S3＞S2,位设备 D＋2＝ON。

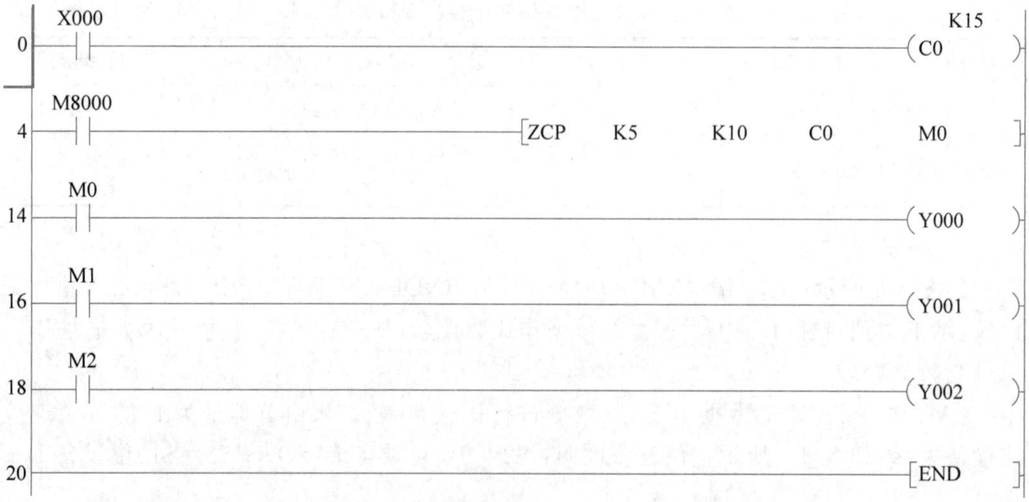

图 6-10　ZCP 区间比较指令应用示例

说明：X0 接通次数少于 5 次时，C0＜K5，则 M0 置 ON，Y0 得电；X0 接通次数大于或等于 5 次且小于或等于 10 次时，K5≤C0≤K10，则 M1 置 ON，Y1 得电；X0 接通次数大于 10 次时，C0＞K10，则 M2 置 ON，Y2 得电。

3. 二进制数转 BCD 码指令

二进制数转 BCD 码指令（功能编号为 FNC18）用于将源操作数[S.]中的二进制数转换成 BCD 码存于[D.]中。BCD 指令的应用示例如图 6-11 所示。

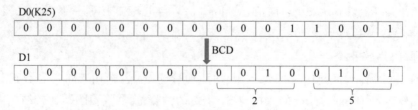

图 6-11　BCD 指令的应用示例

当 X0 接通时，MOV 指令将 K25 传送到 D0，D0 中对应的二进制数是 11001。BCD 指令将 D0 中的二进制数做 BCD 转换后，D1 中对应的二进制数则变为 00100101。BCD 指令执行过程如图 6-12 所示。

D0(K25)

0	0	0	0	0	0	0	0	0	0	0	1	1	0	0	1

BCD

D1

0	0	0	0	0	0	0	0	0	0	1	0	0	1	0	1

2　　　5

图 6-12　BCD 指令执行过程

6.4 算术与逻辑运算指令

算术与逻辑运算指令包括算术运算指令和逻辑运算指令两部分。表6-5列出二进制加法指令ADD(功能编号为FNC20)、二进制减法指令SUB(功能编号为FNC21)、二进制乘法运算指令MUL(功能编号为FNC22)、二进制除法运算指令DIV(功能编号为FNC23)、逻辑与指令AND(功能编号为FNC26)、逻辑或指令OR(功能编号为FNC27)逻辑异或指令XOR(功能编号为FNC28)格式与功能。

表6-5 算术与逻辑运算指令格式与功能

助记符	格式	功　　能	程序步数
ADD(FNC20)	ADD	将指定目标中的二进制数进行相加,将结果存储到指定元件中	1步
SUB(FNC21)	SUB	将指定目标中的二进制数相减,将结果存储到指定目标软元件中	1步
MUL(FNC22)	MUL	将指定目标中的二进制数相乘,将结果存储到指定目标软元件中	1步
DIV(FNC23)	DIV	将指定的源元件中二进制数相除,[S1.]为被除数,[S2.]为除数,商送到指定的目标元件[D.]中,余数送到[D.]的下一个目标元件[D+1]中	1步
WAND(FNC26)	WAND	指定的源元件中二进制数进行逻辑门与运算	1步
WOR(FNC27)	WOR	指定的源元件中二进制数进行逻辑门或运算	1步
WXOR(FNC28)	WXOR	指定的源元件中二进制数进行逻辑门异或运算	1步

1. 二进制加法指令

二进制加法指令ADD(功能编号为FNC20)是将指定目标中的二进制数进行相加,将结果存储到指定元件中。其应用示例如图6-13所示。

图6-13 二进制加法指令应用示例

当X1闭合时,将存储在D8和D9中的二进制数进行相加,结果存储到指定目标元件D11中。需要注意以下方面。

(1) 加法指令有3个常用标志:零标志M8020,借位标志M8021,进位标志M8022。

(2) 如果运算结果为0,则零标志M8020动作;如果运算结果超过32767(16位)或2147483647(32位),则进位标志M8022动作;如果运算结果小于−32767(16位)或−2147483647(32位),则借位标志M8021动作。

(3) 在32位运算中,被指定的字元件是低16位元件,紧接着该元件编号的下一个为高16位。

2. 二进制减法指令

二进制减法指令 SUB(功能编号为 FNC21)主要将指定目标中的二进制数相减，把结果存储到指定目标元件中。其应用示例如图 6-14 所示。

X000
0
SUB D10 D12 D14
8
END

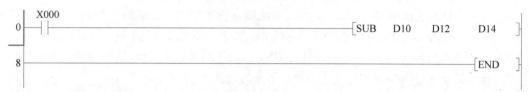

图 6-14 二进制减法指令应用示例

当 X0 闭合时，D10 中的二进制数减去 D12 中的二进制数，将结果存储到 D14 中。

3. 二进制乘法指令

二进制乘法指令 MUL(功能编号为 FNC22)是将指定目标中的二进制数相乘，将结果存储到指定目标元件中。其应用示例如图 6-15 所示。

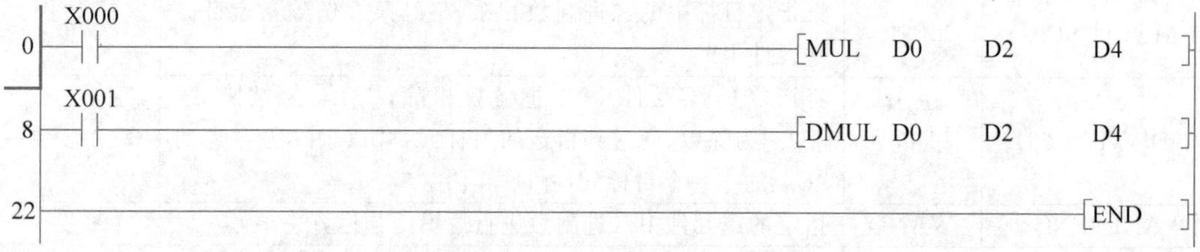
X000
0
MUL D0 D2 D4
X001
8
DMUL D0 D2 D4
22
END

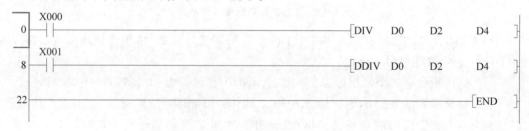

图 6-15 二进制乘法指令应用示例

说明：

(1) 16 位运算：当 X0 闭合，[D0]×[D2]→[D5,D4]；源操作数是 16 位，目标操作数是 32 位。当[D0]=8,[D2]=9 时，[D5,D4]=72。

(2) 32 位运算：当 X0 闭合，[D1,D0]×[D3,D2]→[D7,D6,D5,D4]；源操作数是 32 位，目标操作数是 64 位。当[D1,D0]=238,[D3,D2]=189 时，[D7,D6,D5,D4]=44982。

4. 二进制除法指令

除法指令 DIV(功能编号为 FNC23)是指定目标中的二进制数相除，将结果存储到指定目标元件中。其应用示例如图 6-16 所示。

X000
0
DIV D0 D2 D4
X001
8
DDIV D0 D2 D4
22
END

图 6-16 二进制除法指令应用示例

说明：

(1) D2 为被除数，D0 为除数，商送到指定的目标元件 D4 中，余数送到 D4 的下一个目标元件 D5 中。

（2）除数为 0 时，运算错误，不执行指令。当[D]为位元件时，无法得到余数。

（3）商和余数的最高位是符号位。被除数或除数中有一个为负数时，商为负数；被除数为负数时，余数为负数。

5．二进制数加 1 指令和减 1 指令

二进制数加 1 指令 INC（功能编号为 FNC24）使[D.]中的数加 1，结果仍保存在[D.]中。二进制数减 1 指令 DEC（功能编号为 FNC25）使[D.]中的数减 1，结果仍保存在[D.]中。二进制数加 1 指令和二进制数减 1 指令应用示例如图 6-17 所示。

图 6-17 二进制数加 1 和减 1 指令应用示例

说明：

（1）INC 指令的意义为目标元件[D.]当前值 D1＋1→D1。在 16 位运算中，＋32767 加 1 则成为－32768；在 32 位运算中，＋2147483647 加 1 则成为－2147483648。

（2）DEC 指令的意义为目标元件[D.]当前值 D10－1→D10。在 16 位运算中，－32768 减 1 则成为＋32767；在 32 位运算中，－2147483648 减 1 则成为＋2147483647。

（3）用连续指令时，INC 和 DEC 指令都是在各扫描周期都做加 1 运算和减 1 运算，导致运算结果不可控，所以 INC 和 DEC 指令一般需要采用脉冲执行型。

6．逻辑运算指令

逻辑与指令 WAND（功能编号为 FNC26）使[S1.]中的二进制数和[S2.]中的二进制数按位进行"逻辑与"运算，结果保存在[D.]中。

逻辑或指令 WOR（功能编号为 FNC27）使[S1.]中的二进制数和[S2.]中的二进制数按位进行"逻辑或"运算，结果保存在[D.]中。

逻辑异或指令 WXOR（功能编号为 FNC28）使[S1.]中的二进制数和[S2.]中的二进制数按位进行"逻辑异或"运算，结果保存在[D.]中。

逻辑运算指令应用示例如图 6-18 所示。

当 X1 触点闭合时，[S1.]指定的 D10 和[S2.]指定的 D12 内数据按各位对应，进行"逻辑与"运算，结果存于由[D.]指定的 D14 中。

当 X2 触点闭合时，[S1.]指定的 D20 和[S2.]指定的 D22 内数据按各位对应，进行"逻辑或"运算结果存于由[D.]指定的元件 D24 中。

当 X3 触点闭合时，[S1.]指定的 D30 和[S2.]指定的 D32 内数据按各位对应，进行"逻辑异或"运算，结果存于由[D.]指定的元件 D34 中。

图 6-18　逻辑运算指令应用示例

6.5　循环移位指令

循环移位指令是使位数据或字数据向指定方向循环、位移的指令。

1. 循环右移指令和循环左移指令

如图 6-19 所示，执行循环右移指令 ROR（功能编号为 FNC30）和循环左移指令 ROL（功能编号为 FNC31）时，各位的数据向右（或向左）循环移动 n 位（n 为常数），16 位指令和 32 位指令中 n 应分别小于 16 和 32，每次移出来的那一位同时存入进位标志 M8022 中。

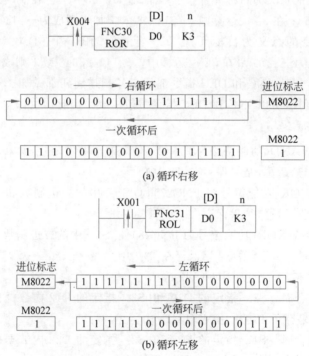

图 6-19　循环右移和循环左移指令应用示例

2. 带进位循环右移指令和循环左移指令

如图 6-20 所示，执行带进位循环右移指令 RCR（功能编号为 FNC32）和循环左移

RCL(功能编号为 FNC33)指令时,各位的数据与进位标志 M8022 一起(16 位指令时一共 17 位)向右(或向左)循环移动 n 位。

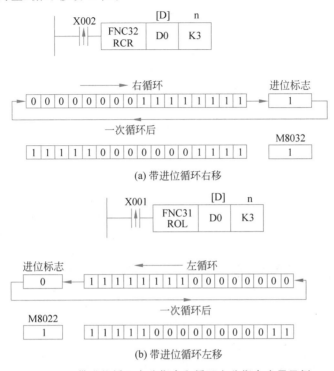

图 6-20 带进位循环右移指令和循环左移指令应用示例

3. 位右移指令和位左移指令

图 6-21(a)中 X010 由 OFF 变为 ON 时,位右移指令 SFTR(功能编号为 FNC34)按以下顺序移位(3 位 1 组):M2～M0 中的数溢出,M5～M3→M2～M0,M8～M6→M5～M3,X002～X000→M8～M6。与位右移指令类似,图 6-21(b)中的 X010 由 OFF 变为 ON 时,位左移指令 SFTL(功能编号为 FNC35)按图中所示的顺序向左移位。

4. 字右移和字左移指令

图 6-22(a)中的 X000 由 OFF 变为 ON 时,字右移指令 WSFR(功能编号为 FNC36)按图中所示的顺序移位。图 6-22(b)中的 X010 由 OFF 变为 ON 时,字左移指令 WSFL(功能编号为 FNC37)按图中所示的顺序移位。

5. 先进先出指令

先进先出指令分先进先出写入指令 SFWR(功能编号为 FNC38)和先进先出读出指令 SFRD(功能编号为 FNC39)。

SFWR 指令的应用示例如图 6-23 所示。

SFWR 指令是将[S.]中数据写入以[D.]+1 为首地址的连续 $n-1$ 个数据寄存器中。[D.]作为数据指针使用,不写入数据,只记录写入数据的个数;SFWR 指令每执行一次,写入一个数据,[D.]中的数自动加 1,当[D.]中的数超过 $n-1$ 时,不再执行 SFWR

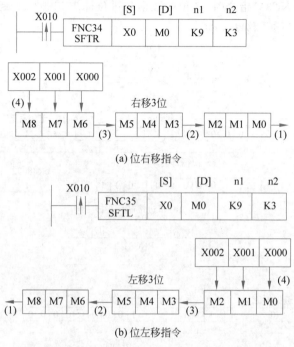

(a) 位右移指令

(b) 位左移指令

图 6-21　位左移指令和右移指令执行过程示意图

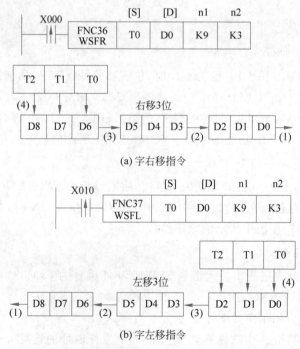

(a) 字右移指令

(b) 字左移指令

图 6-22　字左移指令和右移指令执行过程示意图

图 6-23 SFWR 指令的应用示例

指令。SFWR 指令的执行过程如图 6-24 所示。

图 6-24 SFWR 指令的执行过程

当 X0 第一次接通时，SFWR 指令将 D0 中的数据写入 D11，同时 D10 中的数据自动加 1，即 (D10)=1；当 X0 第二次接通时，SFWR 指令将 D0 中的数据写入 D12，同时 D10 中的数据再自动加 1，即 (D10)=2；当 X0 第三次接通时，SFWR 指令将 D0 中的数据写入 D13，同时 D10 中的数据再自动加 1，即 (D10)=3；以此类推。这里 D0 中的数据是随时间波动的一个变量。

SFRD 指令的应用示例如图 6-25 所示。

图 6-25 SFRD 指令的应用示例

SFRD 指令是将以 [S.]+1 为首地址的连续 $n-1$ 个数据寄存器中数据读出到 [D.] 中。SFRD 指令每执行一次，读出一个数据，[D.] 中的数自动减 1。SFWD 指令的执行过程如图 6-26 所示。

图 6-26 SFWD 指令的执行过程

当 X1 第一次接通时，SFRD 指令将 D11 中的数据读出到 D100，同时 D10 中的数据自动减 1；当 X1 第二次接通时，SFRD 指令将 D12 中的数据读出到 D100，同时 D10 中的数据再自动减 1；当 X1 第三次接通时，SFRD 指令将 D13 中的数据读出到 D100，同时 D10 中的数据再自动减 1；以此类推。

6.6 数据处理指令

数据处理指令是可以进行复杂数据处理和实现特殊功能实现的指令,指令格式与功能如表 6-6 所示。

表 6-6　数据处理指令格式与功能

助记符	格式	功　　能	程序步数
ZRST(FNC40)	ZRST	2 个指定的软元件之间执行成批复位	9 步
DECO(FNC41)	DECO	解码译码指令等同于数电中的译码器	7 步
ENCO(FNC42)	FNCO	编码指令相当于数电中的编码器	7 步
SUM(FNC43)	SUM	总数指令用于统计指定元件'1'的个数	5 步
BON(FNC44)	BON	判别检测目标元件是否为"1"	7 步
MEAN(FNC45)	MEAN	将 n 个源数据的平均值送到指定目标(余数省略)	5 步
SQR(FNC48)	SQR	将数据平方并存放于目标元件中	5 步

1. 区间复位指令

区间复位指令 ZRST(功能编号为 FNC40)与基本复位指令 RST 一样,都具有复位功能,不同的是,RST 指令只能对单个元件进行复位,而 ZRST 指令可以对同一种类的批量元件进行复位。其应用示例如图 6-27 所示。

图 6-27　区间复位指令应用示例

说明:

(1) 其功能将[D1.]、[D2.]指定的元件号范围内的同种元件成批次复位,其元件种类可以是 X、Y、M、T、C、S、D 等。

(2) [D1.]内的数值必须小于[D2.],若[D1.]的编号大于[D2.],则只有[D1.]会被复位。

2. 解码译码指令

解码译码指令 DECO(功能编号为 FNC41)应用示例如图 6-28 所示。

说明:

(1) $n = K3$,表示只对[S.]源操作数 D0 的低 3 位进行译码,即为 000～111。

(2) 当 X0 未接通时,D0 的低 3 位为 000,此时解码结果为 M0＝1,Y0 得电;当 X0 第一次接通时,D0 的低 3 位为 001,此时解码结果为 M1＝1,Y1 得电;当 X0 第二次接通

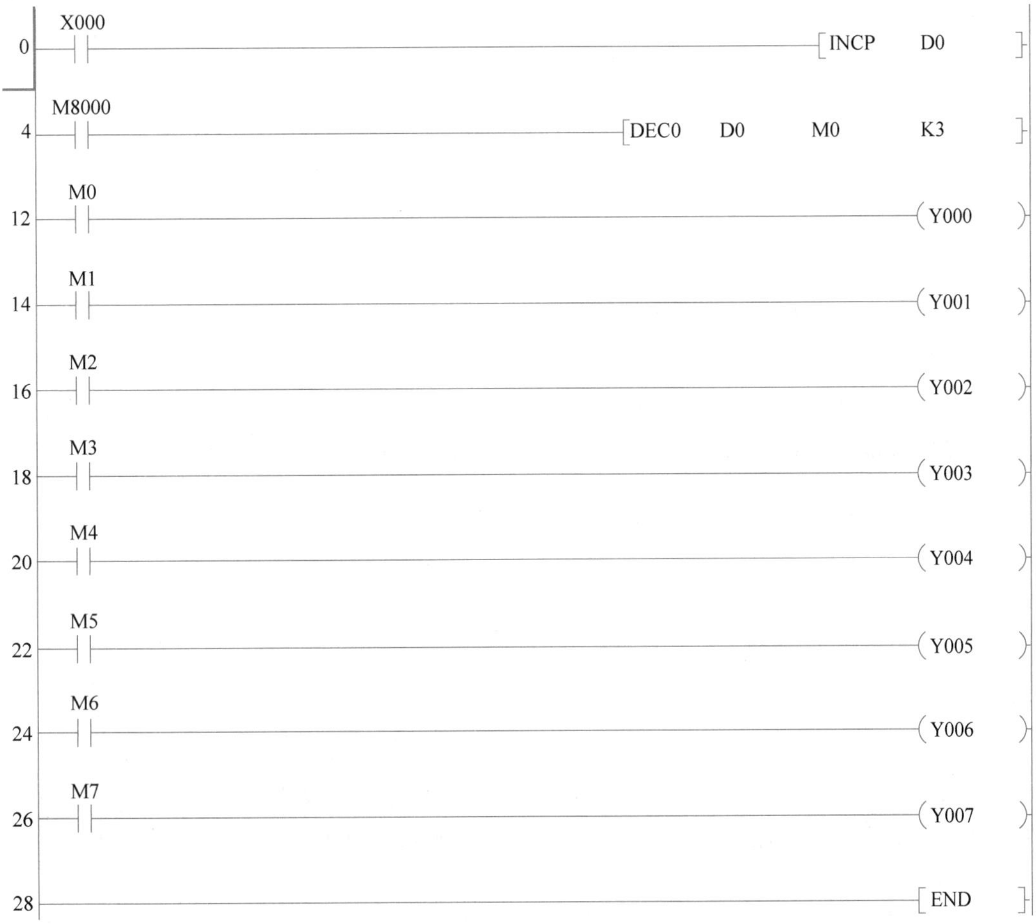

```
      X000
0     ├┤├────────────────────────────────────[INCP    D0    ]
      M8000
4     ├┤├──────────────────────────[DEC0    D0    M0    K3   ]
      M0
12    ├┤├────────────────────────────────────────────(Y000  )
      M1
14    ├┤├────────────────────────────────────────────(Y001  )
      M2
16    ├┤├────────────────────────────────────────────(Y002  )
      M3
18    ├┤├────────────────────────────────────────────(Y003  )
      M4
20    ├┤├────────────────────────────────────────────(Y004  )
      M5
22    ├┤├────────────────────────────────────────────(Y005  )
      M6
24    ├┤├────────────────────────────────────────────(Y006  )
      M7
26    ├┤├────────────────────────────────────────────(Y007  )
28    ├───────────────────────────────────────────────[END  ]
```

图 6-28　解码译码指令应用示例

时,D0 的低 3 位为 010,此时解码结果为 M2＝1,Y2 得电;以此类推。

（3）位源操作数可取 X、T、M 和 S,位目标操作数可取 Y、M 和 S,字源操作数可取 K、H、T、C、D、V 和 Z,字目标操作数可取 T、C 和 D。

（4）若［D.］指定的目标元件是字元件 T、C、D,则 $n \leqslant 4$；若［D.］指定的目标元件是位元件 Y、M、S,则 $n＝1\sim8$。

3. 编码指令

编码指令 ENCO（功能编号为 FNC42）应用示例如图 6-29 所示。

说明:

（1）$n＝K3$,表示只对［S.］源操作数 D0 的低 8 位进行编码,即为 00000000～11111111。

（2）当 X0 接通时,D0 的低 8 位为 00000001（"1"在 bit0 位）,此时编码结果为 D1＝0；当 X1 接通时,D0 的低 8 位为 00000010（"1"在 bit1 位）,此时编码结果为 D1＝1；当 X2 接通时,D0 的低 8 位为 00000100（"1"在 bit2 位）,此时编码结果为 D1＝2；以此类推。

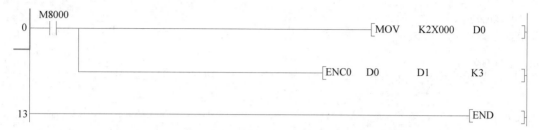

图 6-29　编码指令应用示例

4. ON 总数指令和 ON 位判别指令

ON 总数指令 SUM（功能编号为 FNC43）用于统计源操作数中"1"的个数，并将结果存储到目标操作数中，当 X0 有效执行总数指令时，将 D0 中"1"的总数存入 D2，若 D0 中没有"1"，则零标志位 M8020 置 1。ON 总数指令和 ON 位判别指令应用示例如图 6-30 所示。

图 6-30　ON 总数指令和 ON 位判别指令应用示例

ON 位判别指令 BON（功能编号为 FNC44）用来检测源操作数中的第 n 位是否为 ON，若是，则置位目标操作数。ON 判别应用示例如图 6-30 所示。

说明：

（1）X1 接通，若源操作数 D10 的第 4 位为 ON，则目标操作数 M0＝1；否则，M0＝0。

（2）源操作数可取所有数据类型，目标操作数可取 Y、M 和 S。

5. 求平均值指令

求平均值指令 MEAN（功能编号为 FNC45）是将源操作数［S.］为起始地址的连续 n 个源数据的平均值送到目标元件［D.］中。求平均值指令应用示例如图 6-31 所示。

```
   X002
0──┤├───────────────────────────────────[MEAN  D0    D10   K5 ]

8─────────────────────────────────────────────────[END ]
```

图 6-31　平均值指令应用示例

说明：X2 接通，将（D0＋D1＋D2＋D3＋D4＋D5）/5→D10。

6. 二进制开方运算指令

二进制开方运算指令 SQR（功能编号为 FNC48）是将源操作数［S.］进行开方运算，

并将开方运算后的结果送到目标元件[D.]中。二进制开方运算指令应用示例如图 6-32 所示。

图 6-32　二进制开方运算指令应用示例

说明：X0 接通，将 D10 中的数进行开方运算，结果存放于 D123 中。

6.7 高速处理指令

普通计数器工作常受 PLC 扫描周期的限制，在诸多工业控制场合远达不到控制要求，因此，在某些需要高速处理的场合，充分利用可编程控制器的高速处理能力来进行中断处理，以达到利用最新输入和输出信息进行控制的目的。高速计数器具有以下特点。

（1）高速计数器与普通计数器相比，扫描频率更高，速度更快。

（2）硬件高速计数模块是 2 相 50Hz 的高速计数器，可直接进行比较和输出。

（3）计数范围较大，一般为 32 位加减计数器，最高频率可达 10kHz。

（4）工作设置灵活。

（5）控制指令特殊，可不通过本身的触点，用中断方式直接完成对器件控制。

需要注意的是，高速计数器的范围为 C235～C255。

高速处理指令格式与功能如表 6-7 所示。

表 6-7　高速处理指令格式与功能

助记符	格式	功　　能	程序步数
HSCS(FNC53)	HSCS	将高速计数器的计数值和指定值做比较，如果两个值相等，则立即置位外部输出	13 步
HSCR(FNC54)	HSCR	将高速计数器的计数值和指定值做比较，如果两个值相等，则立即复位外部输出	13 步
HSZ(FNC55)	HSZ	将高速计数器的当前值和 2 个值（区间）进行比较，并将比较结果输出到位软元件中	17 步

1. 高速计数器比较置位指令

高速计数器比较置位指令 HSCS（功能编号为 FNC53）是采用中断处理方式，当计数器的计数值等于指定值时，立即置位外部输出，不受扫描周期的影响。高速计数器比较置位指令应用示例如图 6-33 所示。

说明：该程序是以中断方式对相应高速计数器输入端进行计数处理，当 C255 的当前值由 99 加 1 变为 100，或者由 101 减 1 变为 100 时，Y10 立即动作。

2. 高速计数器复位指令

高速计数器复位指令 HSCR（功能编号为 FNC54）也是采用中断处理方式，当计数器

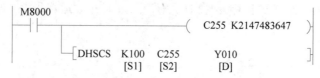

图 6-33　高速计数器比较置位指令应用示例

的计数值等于指定值,立即复位外部输出,不受扫描周期的影响。高速计数器复位指令应用示例如图 6-34 所示。

图 6-34　高速计数器复位指令应用示例

3. 高速计数器区间比较指令

高速计数器区间比较指令 HSZ(功能编号为 FNC55)应用示例如图 6-35 所示。

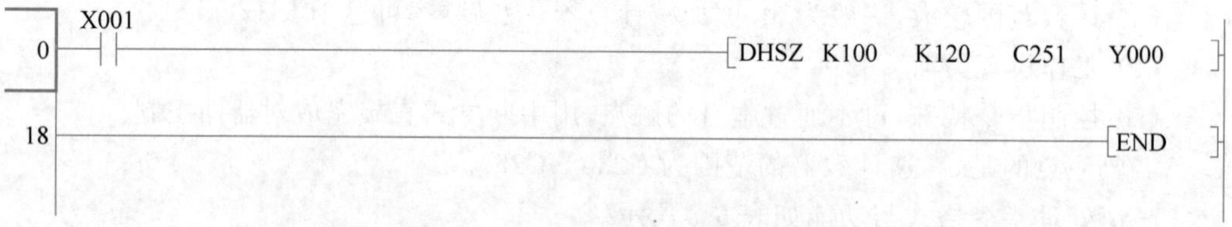

图 6-35　高速计数器区间比较指令应用示例

说明:目标操作数为 Y0、Y1、Y2,当 C251 的当前值小于 K100 时,目标操作数 Y0 置"1";当 C251 的当前值大于或等于 K100 且小于或等于 K120 时,Y1 置"1";当 C251 的当前值大于 K120 时,Y2 置"1"。

6.8　方便指令

方便指令共有 10 条,指令功能编号为 FNC60～FNC69,分别是初始状态指令(IST FNC60)、数据搜索指令(SER FNC61)、绝对值式凸轮顺控指令(ABSD FNC62)、增量式凸轮顺控指令(INCD FNC63)、示教定时指令(TIMR FNC64)、特殊定时器指令(STMR FNC65)、交替输出指令(ALT FNC66)、斜坡信号指令(RAMP FNC67)、旋转工作台控制指令(ROTC FNC68)和数据排序指令(SORT FNC69),方便指令在程序中以简单的指令形式实现复杂的控制过程。

1. 初始状态指令

在工业领域控制中,不仅可以采用基本操作指令和步进控制指令进行基本控制,而且可以采用初始状态指令 IST(功能编号为 FNC60)配合步进控制指令一起编程,其作用为减少繁杂的顺序控制。IST 指令可以自动配置多种不同的初始状态和一系列的继电器。需要注意的是,IST 指令在编程中只能出现一次,且必须在 STL 指令之前。初始状态指令应用示例如图 6-36 所示。

图 6-36　初始状态指令应用示例

说明:

源操作数[S.]表示首地址,可以是 X、Y 和 M,由八个相连号的软元件组成。在图 6-36 中由 X10～X17 组成。

X10:手动　　　　　　　X11:重置

X12:单步　　　　　　　X13:半自动

X14:全自动　　　　　　X15:回原点启动

X16:自动运行启动　　　X17:停止

元件 X10～X14 不能同时启动,可用五选一的选择开关控制。当指令执行条件变为 ON 时,下列元件自动受控。

S0:手动操作初始状态。　　S1:回原点初始状态。

S2:自动操作初始状态。　　M8040:禁止转移。　　　M8041:转移开始。

M8042:启动脉冲。　　　　M8047:STL 监控有效

当执行条件变为 OFF 后,这些元件的状态仍保持不变。

2. 绝对值式凸轮顺控指令

绝对值式凸轮顺控指令 ABSD(功能编号为 FNC62)格式与功能如表 6-8 所示。绝对值式凸轮顺控指令用来产生一组对应于计数值在 360°范围内变化的输出波形,输出点的个数由 n 决定,如图 6-37 所示。

表 6-8　绝对值式凸轮顺控指令格式与功能

助记符	格式	功　　能	程序步数
ABSD(FNC62)	ABSD	该指令用来产生一组对应于计数值在 360°范围内变化的输出波形,输出点的个数由 n 决定	9 步

3. 增量式凸轮顺控指令

增量式凸轮顺控指令 INCD(功能编号为 FNC63),也是用来产生一组对应于计数值变化的输出波形的指令,如图 6-38 所示。

4. 交替输出指令

交替输出指令 ALT(功能编号为 FNC66)是将源操作数(也是目的操作数)取反输出。交替输出指令应用示例图 6-39 所示。

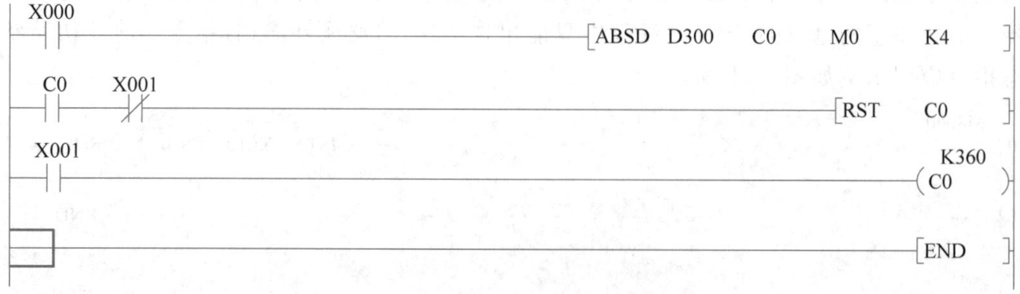

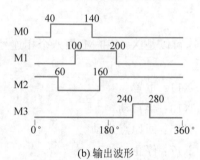

（a）绝对值式凸轮顺控指令梯形图

（b）输出波形

图 6-37 绝对值式凸轮顺控指令梯形图和输出波形

图 6-38 增量式凸轮顺控指令梯形图应用示例

图 6-39 交替输出指令应用示例

说明：当 X0 第一次接通，Y0 有输出；当 X0 第二次接通，Y0 没有输出；当 X0 第三次接通，Y0 又有输出；当 X0 第四次接通，Y0 又没有输出，如此反复循环。

6.9 时钟指令

1. 时钟读写指令

PLC 保持时间数据的源为 D8013～D8019 特殊数据存储器，时钟读出指令 TRD 是将可编程控制器内置实时时钟的时钟数据（D8013～D8019）按照下面的格式读出到 D～D+6 中，时钟写入指令 TWR 是将设定的时钟数据保存在 PLC 的实时时钟数据存储器（D8013～D8019）中。表 6-9 列出时钟读写指令格式与功能，表 6-10 为特殊数据寄存器存放时间对应表。

表 6-9　时钟读写指令格式与功能

助记符	格式	功　　能	程序步数
TRD(FNC166)	TRD	将 PLC 内置的实时时钟数据读入目标中	3 步
TWR(FNC167)	TWR	将设定的时钟数据写入 PLC 内置的实时时钟中	3 步

表 6-10　特殊数据寄存器存放时间对应表

	软元件	项目	时钟数据		软元件	项目
特殊数据寄存器	D8018	年（公历）	0～99（公历后 2 位数）	→	D0	年（公历）
	D8017	月	1～12	→	D1	月
	D8016	日	1～31	→	D2	日
	D8015	时	0～23	→	D3	时
	D8014	分	0～59	→	D4	分
	D8013	秒	0～59	→	D5	秒
	D8019	星期	0（日）～6（六）	→	D6	星期

图 6-40 是将公历 2023 年 2 月 18 日星期六 12 时 16 分 26 秒的时间数据写入 PLC 的实时时钟数据存储器中的梯形图程序。注意：图中 M8017 为 ±30s 的修正值。

图 6-40　PLC 时间数据写入梯形图程序

2. 时钟比较指令

时钟运算类指令用于对 PLC 内部的时钟数据进行运算和比较,对 PLC 内置实时时钟进行时间校准和时钟数据格式化操作。时钟比较指令格式与功能如表 6-11 所示。

表 6-11 时钟比较指令格式与功能

助记符	格式	功 能	程序步数
TCMP(FNC160)	TCMP	用来比较指定时刻与时钟数据的大小	16 步
TADD(FNC162)	TADD	将两个源操作数的内容相加结果送进目标操作数	7 步
TRD(FNC166)	TRD	读出内置的实时时钟的数据放进由[D.]开始的 7 个字内	7 步

(1) 时钟数据比较指令。

时钟数据比较指令 TCMP(功能编号为 FNC160)用来比较指定时刻与时钟数据的大小,其应用示例如图 6-41 所示。

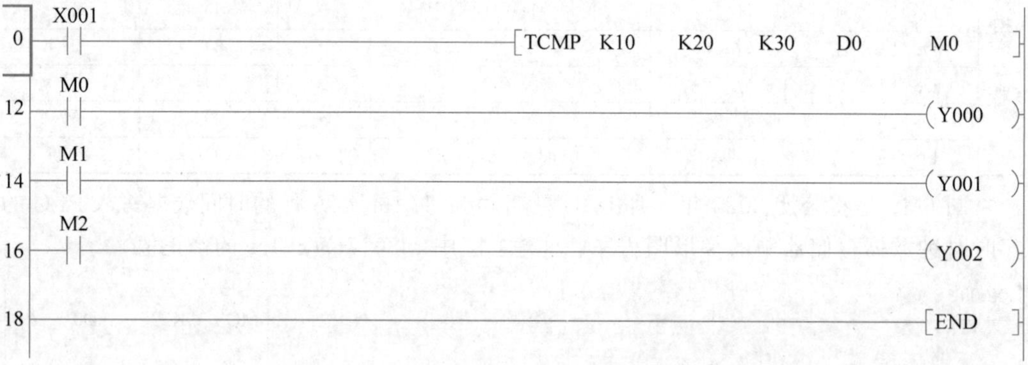

```
     X001
0    ┤├──────────────────────────[TCMP  K10    K20    K30    D0    M0 ]

     M0
12   ┤├──────────────────────────────────────────────────────(Y000 )

     M1
14   ┤├──────────────────────────────────────────────────────(Y001 )

     M2
16   ┤├──────────────────────────────────────────────────────(Y002 )

18   ──────────────────────────────────────────────────────────[END ]
```

图 6-41 时钟数据比较指令应用示例

说明:

① TCMP 指令将源操作数[S1.]K10、[S2.]K20、[S3.]K30 中的时间与[S.]D0 起始的三个时间进行比较,根据其比较结果决定目标操作数[D.]M0 中起始的三个单元中取 ON/OFF 的状态。

② 其中源操作数[S1.]K10 即 10 时,源操作数[S2.]K20 即 20 分,源操作数[S3.]K30 即 30 秒,当 10 时 20 分 30 秒>D0～D2 中的时间端时,M0 为 ON;当 10 时 20 分 30 秒=D0～D2 中的时间端时,M1 为 ON;当 10 时 20 分 30 秒<D0～D2 中的时间端时,M2 为 ON。

③ 该指令只有 16 位运算,其源操作数可取 T、C 和 D,目标操作数可取 Y、M 和 S。

④ 该指令多用于需要定时开关机的场合,如定时器启动、关闭。

(2) 时钟数据加法运算指令。

时钟数据加法运算指令 TADD(功能编号为 FNC162)将两个源操作数的内容相加结果送进目标操作数,其应用示例如图 6-42 所示。

说明:

① 将[S1.]源操作数 D30 指定的 D30～D32 和[S2.]源操作数 D40～D42 中所放的

图 6-42 时钟数据加法运算指令应用示例

时、分、秒相加,将结果送入[D.]D50 目标操作数指定的 D50～D52 中。

② 运算结果超过 24 小时时,进位标志位变为 ON,将加法运算的结果减去 24 小时后作为结果进行保存。

③ 该指令只有 16 位运算,其源操作数可取 T、C 和 D,目标操作数可取 Y、M 和 S。

(3) 时钟数据读取指令。

时钟数据读取指令 TRD(功能编号为 FNC166)读出内置的实时时钟的数据,其应用示例如图 6-43 所示。

图 6-43 时钟数据读取指令应用示例

当 X1 启动时,将时钟实时数据(按"年、月、日、时、分、秒、星期"的顺序存放在特殊辅助寄存器 D8013～8019 之中)传送到 D0～D6 中。

6.10 外部 I/O 设备指令

外部 I/O 设备指令是使 PLC 通过少量程序和外部接线,就可以简单地进行较复杂的控制。主要外部 I/O 设备指令如下。10 键输入指令 TKY(功能编号为 FNC70),用 10 个按键输入十进制数。16 键输入指令 HKY(功能编号为 FNC71),用 16 个按键输入数字及功能信号。七段码译码指令:SEGD(功能编号为 FNC73),驱动一位七段数码管。BFM 读出指令 FROM(功能编号为 FNC78),将外部设备中的数据读入 PLC。BFM 写入指令 TO(功能编号为 FNC79),将 PLC 数据写入外部设备中。

1. 10 键输入指令

10 键输入指令 TKY(功能编号为 FNC70)的使用格式如图 6-44(a)所示。源操作数[S.]用 X0 为首元件,10 个键 X0～X11 分别为对应数字 0～9。当 X030 接通时,执行 TKY 指令,若按 X2(2)、X1(1)、X3(3)、X0(0)的顺序按键,则目的操作数[D1.]D0 中用二进制的形式保存十进制数据 2130,实现将按键变成十进制的数字键。若送入的数大于 9999,则高位溢出。若使用 32 位指令 DTKY 时,D0 和 D1 组合使用,大于 99999999,则高位溢出。

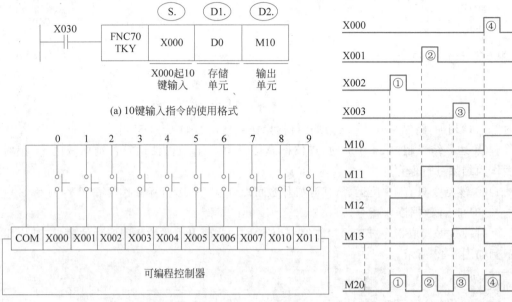

(a) 10键输入指令的使用格式

(b) 输入按键与PLC的连接

(c) 按键输入，输出动作时序

图 6-44 10 键输入指令的使用

2. 七段译码指令

七段译码指令 SEGD（功能编号为 FNC73）是将源操作数［S.］的低 4 位（0000～1111，即 0～F）译成七段码存入目的操作数［D.］的低 8 位，［D.］的高 8 位不变。七段码译码表如表 6-12 所示。

表 6-12 七段码译码表

[S.]低 4 位		7 段组合数字	[D.]低 8 位								表示的数字
16 进制数	位组合格式		B7	B6	B5	B4	B3	B2	B1	B0	
0	0000		0	0	1	1	1	1	1	1	0
1	0001		0	0	0	0	0	1	1	0	1
2	0010		0	1	0	1	1	0	1	1	2
3	0011		0	1	0	0	1	1	1	1	3
4	0100		0	1	1	0	0	1	1	0	4
5	0101		0	1	1	0	1	1	0	1	5
6	0110		0	1	1	1	1	1	0	1	6
7	0111		0	0	1	0	0	1	1	1	7
8	1000		0	1	1	1	1	1	1	1	8
9	1001		0	1	1	0	1	1	1	1	9
A	1010		0	1	1	1	0	1	1	1	A

续表

[S.]低4位		7 段组合数字	[D.]低8位								表示的数字
16 进制数	位组合格式		B7	B6	B5	B4	B3	B2	B1	B0	
B	1011		0	1	1	1	1	1	0	0	b
C	1100		0	0	1	1	1	0	0	1	C
D	1101		0	1	0	1	1	1	1	0	d
E	1110		0	1	1	1	1	0	0	1	E
F	1111		0	1	1	1	0	0	0	1	F

位元件的起始(如Y000)
或字元件的最后位为B0

要特别注意的是,当使用 SEGD 指令进行七段数码显示时,七段数码管与 PLC 的硬件接线务必正确,否则译码显示结果不正常。

七段译码指令应用示例如图 6-45 所示。

```
     X000
0 ─┤├─┬───────────────────────────[ MOV    K5      D0    ]
      │
      └───────────────────────────[ SEGD   D0      K2Y000 ]

11 ──────────────────────────────────────────────────[ END ]
```

图 6-45 七段译码指令应用示例

说明:

在本例中,七段数码管与 PLC 的硬件接线如图 6-46 所示。当 X0 接通,七段数码管显示“5”。

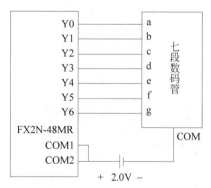

图 6-46 七段数码管与 PLC 的硬件接线

6.11 触点比较指令

触点比较指令(功能编号为 FNC 224~FNC246)相当于一个触点,指令执行时,对源操作数[S1.]和[S2.]进行比较:若满足比较条件,则触点接通,若不满足比较条件,则触点断开。

触点比较指令助记符与功能如表 6-13 所示。

表 6-13 触点比较指令助记符与功能

助记符	功 能	操作数		程序步数
		S1	**S2**	
LD=	触点比较 S1＝S2	K, H, KnX, KnY, KnM, KnS, T, C, D, V, Z		5 步
LD>	触点比较 S1＞S2	K, H, KnX, KnY, KnM, KnS, T, C, D, V, Z		5 步
LD<	触点比较 S1＜S2	K, H, KnX, KnY, KnM, KnS, T, C, D, V, Z		5 步
LD<>	触点比较 S1≠S2	K, H, KnX, KnY, KnM, KnS, T, C, D, V, Z		5 步
LD<=	触点比较 S1≤S2	K, H, KnX, KnY, KnM, KnS, T, C, D, V, Z		5 步
LD>=	触点比较 S1≥S2	K, H, KnX, KnY, KnM, KnS, T, C, D, V, Z		5 步
OR=	触点比较 S1＝S2,结果为1	K, H, KnX, KnY, KnM, KnS, T, C, D, V, Z		5 步
OR>	触点比较 S1＞S2,结果为1	K, H, KnX, KnY, KnM, KnS, T, C, D, V, Z		5 步
OR<	触点比较 S1＜S2,结果为1	K, H, KnX, KnY, KnM, KnS, T, C, D, V, Z		5 步
OR<>	触点比较 S1≠S2,结果为1	K, H, KnX, KnY, KnM, KnS, T, C, D, V, Z		5 步
OR<=	触点比较 S1≤S2,结果为1	K, H, KnX, KnY, KnM, KnS, T, C, D, V, Z		5 步
OR>=	触点比较 S1≥S2,结果为1	K, H, KnX, KnY, KnM, KnS, T, C, D, V, Z		5 步
OR=	触点比较 S1＝S2,结果为1	K, H, KnX, KnY, KnM, KnS, T, C, D, V, Z		5 步
OR>	触点比较 S1＞S2,结果为1	K, H, KnX, KnY, KnM, KnS, T, C, D, V, Z		5 步
OR<	触点比较 S1＜S2,结果为1	K, H, KnX, KnY, KnM, KnS, T, C, D, V, Z		5 步

助记符	功 能	操作数		程序步数
		S1	**S2**	
OR<>	触点比较 S1≠S2,结果为 1	K, H, KnX, KnY, KnM, KnS, T, C, D, V, Z		5 步
OR<=	触点比较 S1≤S2,结果为 1	K, H, KnX, KnY, KnM, KnS, T, C, D, V, Z		5 步
OR>=	触点比较 S1≥S2,结果为 1	K, H, KnX, KnY, KnM, KnS, T, C, D, V, Z		5 步

触点比较指令应用示例如图 6-47 所示。

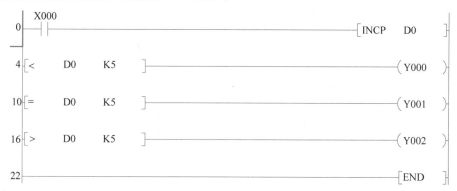

图 6-47　触点比较指令应用示例

说明:当 X0 接通次数小于 5 时,即满足 D0<K5,所以 Y0 得电;当 X0 接通次数等于 5 时,即满足 D0=K5,所以 Y1 得电;当 X0 接通次数大于 5 时,即满足 D0>K5,所以 Y2 得电。

6.12　浮点数运算指令

浮点运算包含二进制浮点比较、转换、四则运算、开方和三角函数等。

1. 二进制浮点比较指令

二进制浮点比较指令 ECMP 助记符与功能如表 6-14 所示。ECMP 指令比较两个数据(二进制浮点数),将结果(大于、等于或小于)输出到位软元件(3 点)中,即比较源操作数 S1 与源操作数 S2 内的 32 位二进制浮点数:当 S1>S2 时,目的操作数 D 接通;S1=S2 时,D+1 接通;S1<S2 时,D+2 接通。常数 K、H 被指定为源数据时,自动转换成二进制浮点值。二进制浮点比较指令应用示例如图 6-48 所示。

表 6-14　二进制浮点比较指令助记符与功能

助记符	功 能	操作数		程序步数
		源 S1,源 S2	目标 D	
ECMP	比较二进制浮点数的大小	K,H,D	Y,M,S	13 步

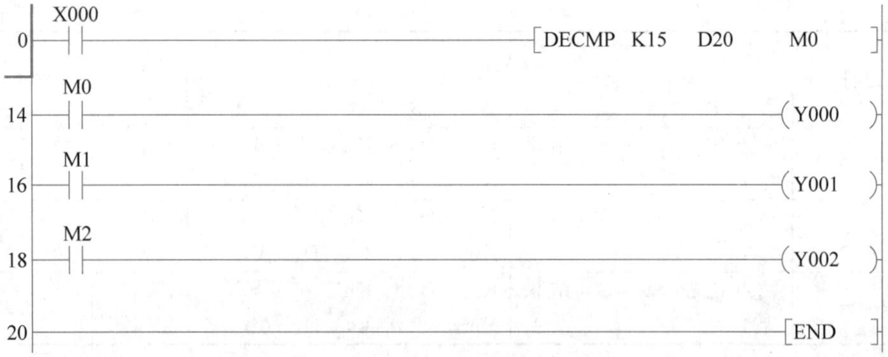

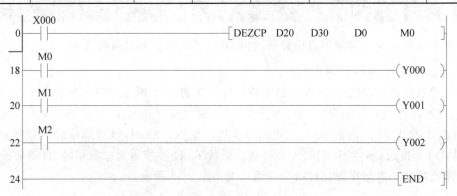

图 6-48　二进制浮点比较指令应用示例

说明：当 X0 接通，常数 15 首先转换为浮点数，当 15 大于 D20 中的值时，Y0 得电；当 15 等于 D20 中的值时，Y1 得电；当 15 小于 D20 中的值时，Y2 得电。

2. 二进制浮点区间比较指令

二进制浮点区间比较指令 EZCP 助记符与功能如表 6-15 所示。二进制浮点区间比较指令是将源操作数 S 内的 32 位二进制浮点数与用源操作数 S1 和 S2 指定的上下范围比较：当 S1＞S 时，D 接通；S1≤S≤S2 时，D+1 接通；S＞S2 时，D+2 接通。常数 K、H 被指定为源数据时，自动转换成二进制浮点值。二进制浮点区间比较指令应用示例如图 6-49 所示。

表 6-15　二进制浮点数区间比较指令助记符与功能

助记符	功　能	操作数				程序步数
		源 S1	源 S2	源 S	目标 D	
EZCP	浮点数的区间比较	K,H,D	K,H,D	K,H,D	Y,M,S 三个连续目标位元件	17 步

图 6-49　进制浮点区间比较指令应用示例

说明：当 X0 接通时，比较 D0 在相对坐标轴上的数 D20、D30 的关系：如果 D20 中的值大于 D0 中的值，M0 为 ON，则 Y0 接通；如果 D20 中的值小于或等于 D30 中的值，同时大于或等于 D20 中的值，M1 为 ON，则 Y1 接通；如果 D20 中的值大于 D30 中的值，

M2 为 ON,则 Y2 接通。

6.13 应用案例

案例一 八站小车的随机呼叫控制系统如图 6-50 所示。

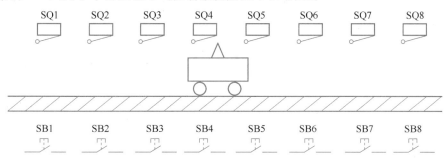

图 6-50 八站小车的随机呼叫控制系统

八站小车的随机呼叫控制系统控制要求如下(小车由三相异步电动机拖动左行或右行):

(1)车所停位置号小于呼叫号时,小车右行至呼叫号处停车;

(2)车所停位置号大于呼叫号时,小车左行至呼叫号处停车;

(3)小车所停位置号等于呼叫号时,小车原地不动;

(4)小车运行时呼叫无效;

(5)具有左行、右行指示;

(6)具有小车行走位置的七段数码管显示;

(7)小车左行、右行控制电压 AC220V,小车左行、右行指示电压 DC24V。

八站小车的随机呼叫控制系统 I/O 分配如表 6-16 所示。

表 6-16 八站小车的随机呼叫控制系统 I/O 分配

输 入		输 出	
输入设备	输入地址	输出设备	输出地址
1 号位呼叫 SB1	X0	三相异步电动机正转交流接触器	Y0
2 号位呼叫 SB2	X1	三相异步电动机反转交流接触器	Y1
3 号位呼叫 SB3	X2	小车左行指示灯	Y4
4 号位呼叫 SB4	X3	小车右行指示灯	Y5
5 号位呼叫 SB5	X4	七段数码管 a 段	Y10
6 号位呼叫 SB6	X5	七段数码管 b 段	Y11
7 号位呼叫 SB7	X6	七段数码管 c 段	Y12
8 号位呼叫 SB8	X7	七段数码管 d 段	Y13
1 号位置 SQ1	X10	七段数码管 e 段	Y14
2 号位置 SQ2	X11	七段数码管 f 段	Y15
3 号位置 SQ3	X12	七段数码管 g 段	Y16
4 号位置 SQ4	X13	—	—

续表

输　　入		输　　出	
输入设备	输入地址	输出设备	输出地址
5 号位置 SQ5	X14	—	—
6 号位置 SQ6	X15	—	—
7 号位置 SQ7	X16	—	—
8 号位置 SQ8	X17	—	—

八站小车的随机呼叫控制系统 I/O 接线图如图 6-51 所示。

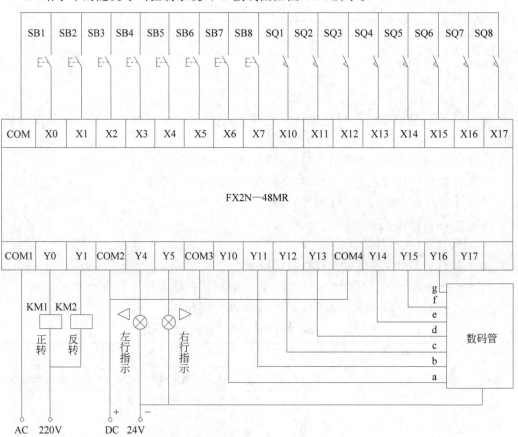

图 6-51　八站小车的随机呼叫控制系统 I/O 接线图

八站小车的随机呼叫控制系统参考程序梯形图如图 6-52 所示。

案例二　步进电动机结构如图 6-53 所示。

步进电动机(三相六拍)的控制要求如下。

(1)系统启停开关接通,步进电动机可以工作;系统启停开关断开,步进电动机不可以工作。

(2)正、反转开关断开,步进电动机可以连续正转;正、反转开关接通,步进电动机可以连续反转。

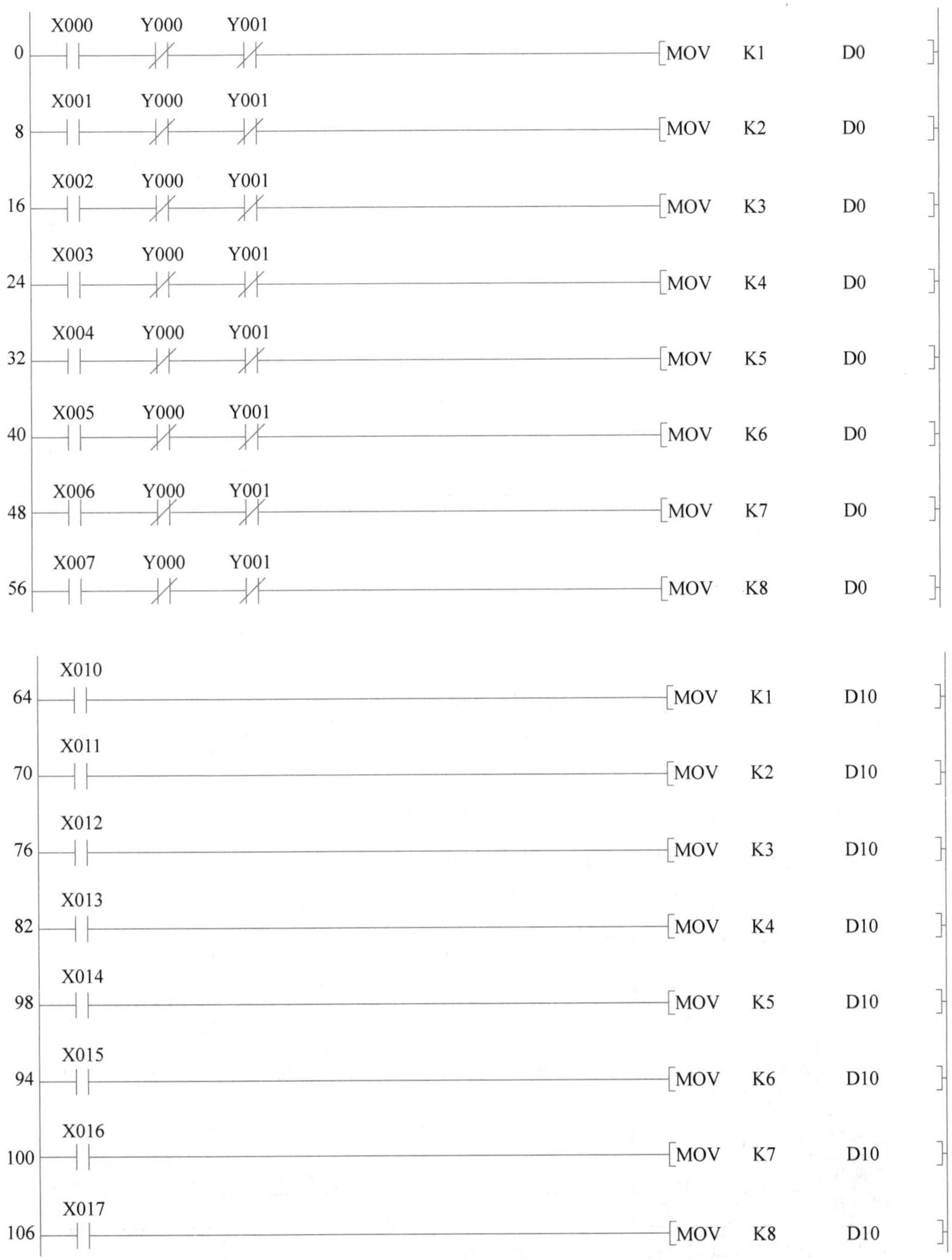

0	X000	Y000	Y001		[MOV	K1	D0]
8	X001	Y000	Y001		[MOV	K2	D0]
16	X002	Y000	Y001		[MOV	K3	D0]
24	X003	Y000	Y001		[MOV	K4	D0]
32	X004	Y000	Y001		[MOV	K5	D0]
40	X005	Y000	Y001		[MOV	K6	D0]
48	X006	Y000	Y001		[MOV	K7	D0]
56	X007	Y000	Y001		[MOV	K8	D0]

64	X010	[MOV	K1	D10]
70	X011	[MOV	K2	D10]
76	X012	[MOV	K3	D10]
82	X013	[MOV	K4	D10]
98	X014	[MOV	K5	D10]
94	X015	[MOV	K6	D10]
100	X016	[MOV	K7	D10]
106	X017	[MOV	K8	D10]

图 6-52　八站小车的随机呼叫控制系统参考程序梯形图

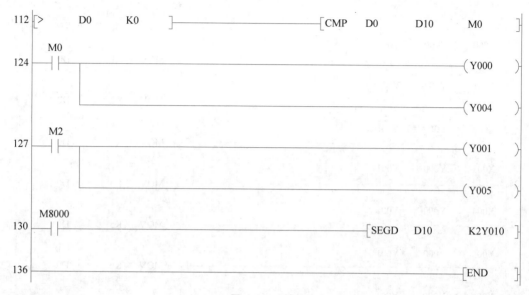

图 6-52 （续）

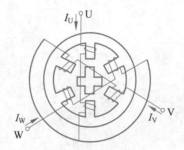

图 6-53 步进电动机的结构

（3）按下增速按钮，步进电动机可以连续增速。

（4）按下减速按钮，步进电动机可以连续减速。

步进电动机控制系统 I/O 分配如表 6-17 所示。

表 6-17 步进电动机控制系统 I/O 分配

输 入		输 出	
输入设备	输入地址	输出设备	输出地址
系统启停开关 SA1	X1	U 相	Y1
正、反转开关 SA2	X2	V 相	Y2
增速按钮	X3	W 相	Y3
减速按钮	X4	—	—

步进电动机控制系统 I/O 接线图如图 6-54 所示。

步进电动机控制系统参考程序梯形图如图 6-55 所示。

案例三 某地铁站自动排水系统如图 6-56 所示。

地铁站自动排水系统控制要求如下。

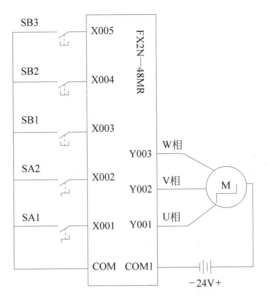

图 6-54 步进电动机控制系统 I/O 接线图

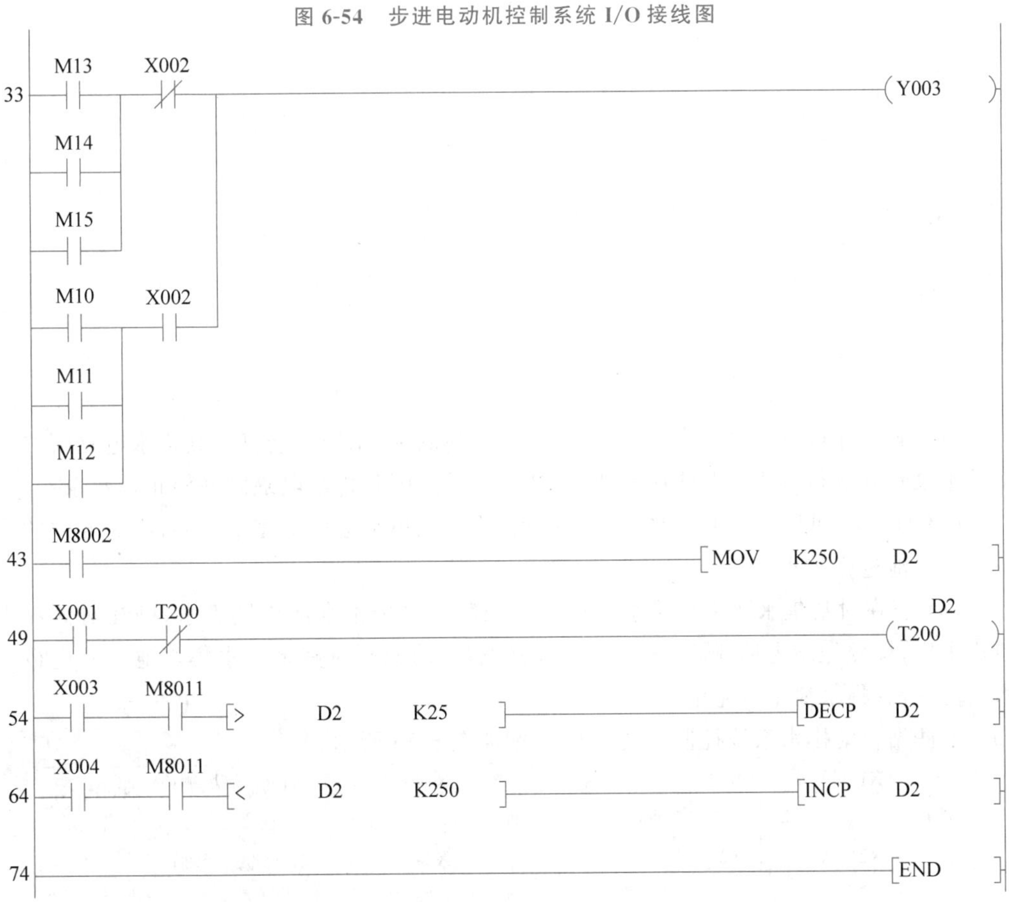

图 6-55 (续)

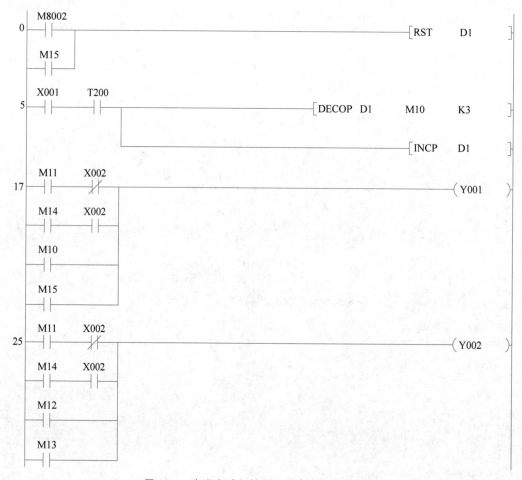

图 6-55 步进电动机控制系统参考程序梯形图

（1）某一时刻,若 5 个集水池中有 1 个集水池满水,系统自动打开其排水电磁阀并启动抽水泵对其进行排水;当该集水池没水时,自动关闭其排水电磁阀并停止抽水泵。

（2）同一时间只对一个集水池进行排水,等待该集水池排水完毕,再对满足条件的另一个集水池进行排水。

（3）若在对某集水池进行排水的过程中先后有多个集水池陆续满水,则在对该集水池排水后,按照先满先抽(哪个水池先满水就先抽)的原则对其余满水集水池一一进行排水,直至所有集水池排水完毕。

地铁站自动排水系统控制系统 I/O 分配如图 6-56 所示。

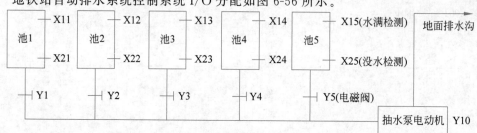

图 6-56 某地铁站自动排水系统

地铁站自动排水系统控制系统 I/O 接线图如图 6-57 所示。

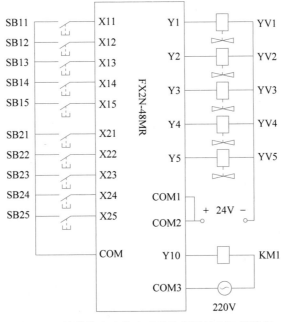

图 6-57 地铁站自动排水系统控制系统 I/O 接线图

地铁站自动排水系统控制系统参考程序梯形图如图 6-58 所示。

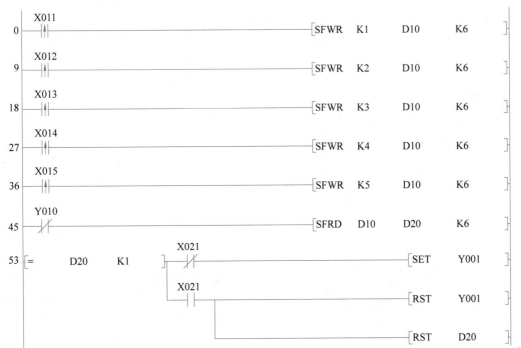

图 6-58 地铁站自动排水系统控制系统参考程序梯形图

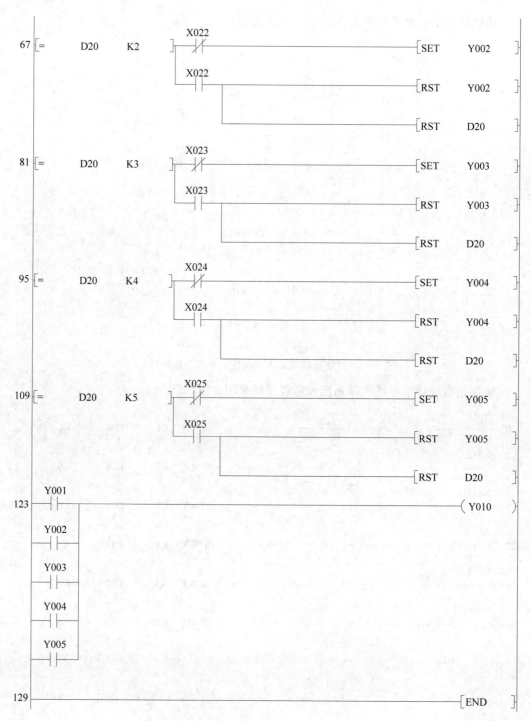

图 6-58 （续）

习题

1. 题图 6-1 为 I/O 接线图,设有 8 盏指示灯,控制要求:当 X0 接通时,全部灯亮;当 X1 接通时,奇数灯亮;当 X2 接通时,偶数灯亮;当 X3 接通时,全部灯灭。试用 MOV 指令编写程序。

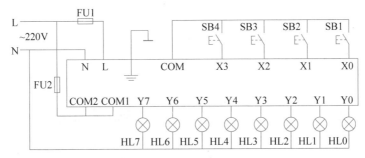

题图 6-1

2. 某台设备具有手动、自动两种操作方式,如题图 6-2 所示。SB3 是操作方式选择开关,当 SB3 处于断开状态时,选择手动操作方式;当 SB3 处于接通状态时,选择自动操作方式。两种操作方式进程如下。

手动操作方式进程:按启动按钮 SB2,电动机运转;按停止按钮 SB1,电动机停机。

自动操作方式进程:按启动按钮 SB2,电动机连续运转 1min 后,自动停机。按停止按钮 SB1,电动机立即停机。试用 CJ 指令编写程序。

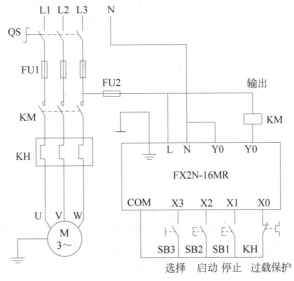

题图 6-2

3. 单按钮的功率控制线路如题图 6-3 所示。控制要求:加热功率有 7 个挡位可调,分别为 0.5kW、1kW、1.5kW、2kW、2.5kW、3kW 和 3.5kW。有一个功率选择按钮 SB1 和一个停止按钮 SB2。第一次按 SB1 选择功率第 1 挡,第二次按 SB1 选择功率第 2 挡……第八次按 SB1 或按 SB2 时,停止加热。试用 INC 指令和 MOV 指令编写程序。

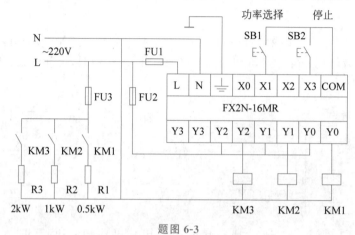

题图 6-3

4. 求 0＋1＋2＋3＋…＋100,并将和存入 D0。试用循环指令 FOR、NEXT 编写程序。

5. 设数据寄存器 D0、D1、D2、D3 存储数据分别为 2、3、－1、7,求它们的代数和,并用循环、变址和子程序调用指令编写程序。

6. 某设备有两台电动机,受输出继电器 Y0、Y1 控制;有手动、自动 1、自动 2 和自动 3 四挡工作方式;使用 X0～X4 输入端,其中 X0、X1 接工作方式选择开关,X2、X3 接启动/停止按钮,X4 接过载保护。在手动方式中采用点动操作,在 3 挡自动方式中,Y0 启动后分别延时 10s、20s、30s 后再启动 Y1,试用触点比较指令编写程序。

7. 如题图 6-4 所示的传送带输送大、中、小三种规格的工件,用连接 X0、X1、X2 端子的光电传感器判别工件规格,然后启动分别连接 Y0、Y1、Y2 端子的相应操作机构;连接 X3 的光电传感器用于复位操作机构。试用 CMP 指令编写工件规格判别程序。

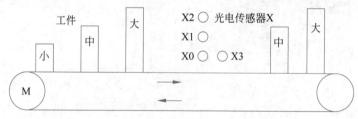

题图 6-4

8. 用题图 6-5 所示的传送带输送工件,数量为 20 个。连接 X0 端子的光电传感器对工件进行计数。当计件数量小于 15 时,指示灯常亮;当计件数量大于或等于 15 以上时,指示灯闪烁;当计件数量为 20 时,10s 后传送带停机,同时指示灯熄灭。设计 PLC 控制线路,并用 ZCP 指令编写程序。

9. 利用 PLC 实现流水灯控制。某灯光招牌有 24 个灯,要求按下启动按钮 X0 时,灯以正、反序每 0.1s 间隔轮流亮;按下停止按钮 X1 时,停止工作。试用 ROR 指令和 ROL 指令编写程序。

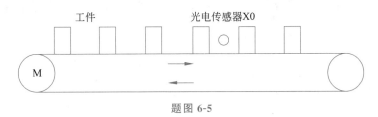

题图 6-5

10. 某设备有 8 台电动机,为了减小电动机同时启动对电源的影响,利用位移指令实现间隔 10s 的顺序通电控制。按下停止按钮时,同时停止工作。试用 SFTL 指令编写程序。

第 7 章

FX 系列 PLC 的通信及其应用

如果把 PLC 与 PLC、PLC 与计算机或 PLC 与其他智能装置通过传输介质连接起来,就可以实现通信或组建网络,从而构成功能更强、性能更好的控制系统,这样可以提高 PLC 的控制能力及控制范围,实现综合及协调控制。同时,还便于计算机管理及对控制数据的处理,提供人机界面友好的操控平台;还可使自动控制从设备级发展到生产线级甚至工厂级,从而实现智能化工厂的目标。PLC 与计算机连接组成网络后,将 PLC 用于控制工业现场,计算机用于编程、显示和管理等任务,构成"集中管理、分散控制"的分布式控制系统(DCS)。

7.1 PLC 通信概述

通信系统主要由硬件和软件两大部分组成,硬件主要包括发送设备、接收设备、控制设备和通信介质等,软件主要包括通信协议和通信软件。图 7-1 显示了通信系统的基本关系。

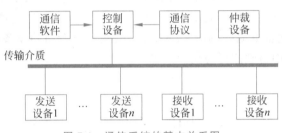

图 7-1 通信系统的基本关系图

7.1.1 通信的基本概念

1. 串行通信与并行通信

串行通信时,数据的各个"二进制位"按照从低位到高位的顺序逐位进行传送。该通信方式只需要一根或两根传送线,适合长距离数据传送,PLC 网络传送数据的方式大多数为串行方式。图 7-2 显示了串行数据传输形式。

并行通信时,数据将一个 8 位(或 16 位,或 32 位)数据的每一个二进制位采用单独的导线进行传输,并将传送方和接收方进行并行连接,

图 7-2 串行数据传输形式

一个数据的各二进制位可以在同一时间内一次传输。该通信方式的特点是传输速度快,但通信线路多、成本高,适合近距离数据传送;计算机或 PLC 内部数据处理、存储一般都是并行的。

2. 异步通信与同步通信

在异步通信中,数据通常以字符或者字节为单位组成字符帧传送。字符帧由发送端逐帧发送,通过传输线被接收设备逐帧接收。发送端和接收端可以由各自的时钟控制数据的发送和接收,这两个时钟源彼此独立,互不同步。

同步通信是一种以字节为单位传送数据的通信方式,一次通信只传送一帧信息。

3. 单工通信、半双工通信和全双工通信

单工通信是在通信线路上数据只按一个固定的方向传送的通信方式,如广播和遥控通信。

半双工通信可以双向传输数据(但不能同时进行),在任一时刻只允许一个方向上传输主信息的通信方式。

全双工通信可同时双向传输数据的通信方式。通信需要双绞线连接,通信线路成本高。

4. 通信传输介质

目前常用的传输介质主要有(带屏蔽)双绞线、同轴电缆和光缆等。双绞线是将两根绝缘导线扭绞在一起,一对线可以作为一条通信线路。双绞线的成本较低,安装简单,RS-485 接口就多用双绞线实现通信连接。同轴电缆由中心导体、电介质绝缘层、外屏蔽导体以及绝缘层组成。同轴电缆的传输速率高,传输距离远,成本较双绞线高。光缆是一种传导光波的光纤介质,由纤芯、包层和护套三部分组成。光缆尺寸小、重量轻、传输速率及传输距离比同轴电缆好,但是成本较高,安装需要专门的设备。目前,双绞线和同轴电缆在 PLC 通信中得到广泛应用。

7.1.2 串行通信接口标准

RS-232 接口标准规定了终端和通信设备之间信息的交换方式和功能。PLC 与上位机的通信就是通过 RS-232 接口完成的。RS-232 接口采用按串行的方式进行单端发送、单端接收,传送距离比较近(最大传送距离为 15m),数据传送速率低,抗干扰能力较差。

RS-422 接口采用两对平衡差分信号线,以全双工的方式传送数据。通信速率可以达到 10Mb/s,最大传送距离为 1200m,抗干扰能力强,适合远距离传送数据。

RS-485 接口是 RS-422 接口的变形,RS-485 接口为半双工,只有一对平衡差分信号线,能够以最少的信号线完成远距离的通信任务,因此 RS-485 接口标准在 PLC 的控制网络中广泛应用。

7.1.3 工业控制网络基础

1. 工业控制网络结构

PLC 网络结构可分为总线型、环型和星型三种基本形式,其结构如图 7-3 所示。

如图 7-3(a)所示,总线结构网络利用总线连接所有的站点,所有的站点对总线有同等的访问权。总线型结构网络结构简单、可靠性高、易于扩展、响应速度快,具有广泛的应用。

如图 7-3(b)所示,环型网络是各个站点通过环路接口首尾相连,形成环型,各个站点均可以请求发送信息。环型网络结构简单,某个站点发生故障时可以自动旁路,保证其他部分正常工作,系统的可靠性较高。

如图 7-3(c)所示,星型网络以中央站点为中心,网络中的任两个站点不能直接进行通信,数据传送必须经过中央站点的控制。星型网络建网较容易,便于程序的集中开发

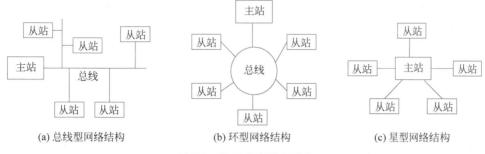

<table>
</table>

(a) 总线型网络结构　　　　　(b) 环型网络结构　　　　　(c) 星型网络结构

图 7-3　网络结构基本形式

和资源共享；但是上位机的负荷较重，一旦发生故障，整个通信系统将瘫痪。

2. 三菱公司 PLC 以太网

三菱公司 PLC 网络继承了传统使用的 MELSEC 网络，使其在性能、功能、使用等方面更胜一筹。三菱系列 PLC 网络分为以下三层。

(1) 信息层/Ethernet(以太网)：信息层为网络系统中的最高层，主要是在 PLC、设备控制器以及生产管理用 PC 之间传输生产管理信息、质量管理信息及设备的运转情况等数据，信息层使用最普遍的 Ethernet 它不仅能够连接 Windows 系统的 PC、UNIX 系统的工作站等，而且能够连接各种 FA 设备 PLC 系列产品中 Q 系列的 Ethernet 模块，具有日益普及的因特网电子邮件收发功能，使用户无论在世界的任何地方都可以方便地收发生产信息邮件，构筑远程监视管理系统。同时，利用因特网的 FTP 服务器功能及 MELSEC 专用协议可以很容易实现程序的上传/下载和信息的传输。

(2) 控制层/MELSECNET/10(H)：控制层是整个网络系统的中间层，是在 PLC、CNC 等控制设备之间方便且高速地处理数据互传的控制网络。MELSECNET/H 不仅继承了 MELSECNET/10 的优点，还使网络的实时性更好、数据容量更大，进一步适应了市场的需求，但目前 MELSECNET/H 只有 Q 系列 PLC 可使用。

(3) 设备层/现场总线 CC-Link：设备层是把 PLC 等控制设备和传感器以及驱动设备连接起来的现场网络，是整个网络系统最底层的网络。采用 CC-Link 现场总线连接，布线数量大大减少，提高了系统可维护性。可连接 ID 系统、条形码阅读器、变频器、人机界面等智能化设备，从各种数据的通信到终端生产信息的管理均可实现。在 Q 系列 PLC 中使用，CC-Link 的功能更好，而且使用更简便。

在三菱的 PLC 网络中进行通信时，不会感觉到有网络种类的差别和间断，可进行跨网络间的数据通信和程序的远程监控、修改、调试等工作，而无须考虑网络的层次和类型。MELSECNET/H 和 CC-Link 使用循环通信的方式，周期性自动地收发信息，不需要专门的数据通信程序，只需简单的参数设定。MELSECNET/H 和 CC-Link 使用广播方式进行循环通信发送和接收，这样就可做到网络上的数据共享。

对于 Q 系列 PLC 使用的 Ethernet、MELSECNET/H、CC-Link 网络，可以在 GX Developer 软件画面上设定网络参数以及各种功能，简单方便。另外，Q 系列 PLC 除了拥有上面所提到的网络，还可支持 PROFIBUS、Modbus、DeviceNet、ASi 等其他厂商的网络,也可进行 RS-232/RS-422/RS-485 等行通信,通过数据专线、电话线进行数据传送等多种通信方式。

3．网络协议简介

(1) 传送控制协议(TCP):用于计算机/工作站、网络链接的 PLC 之间数据传输控制的协议。该协议主要用于在主机间建立一个虚拟连接,以实现高可靠性的数据包交换。国际协议(IP)可以进行 IP 数据包的分割和组装,但是通过 IP 协议并不能清楚地了解到数据包是否顺利地发送给目标计算机。而使用 TCP 不同,在该协议传输模式中在将数据包成功发送给目标计算机后,TCP 会要求发送一个确认,假如在某个时限内没有收到确认,那么 TCP 将重新发送数据包。另外,在传输的过程中,假如接收到无序、丢失以及被破坏的数据包,TCP 还可以负责恢复。

(2) 用户数据报协议(UDP):主要用来支持需要在计算机之间传输数据的网络应用。UDP 作用与 TCP 类似,协议的特点是可以进行高速传输,但不能保证计算机/工作站、网络链接的 PLC 之间数据传输的可靠性。协议对于未完成的数据传送,不具备再次传送功能,一般不宜用于可靠性要求高的场合。

(3) 网际协议:协议以数据帧的格式发送与接收数据,并且可以分割和重新汇编通信数据,但不支持路由功能。

(4) 地址解协议(ARP):在局域网中,网络中实际传输的是"帧",帧里面有目标主机的 MAC 地址。在以太网中,一个主机要和另一个主机进行直接通信,必须要知道目标主机的 MAC 地址,这个目标 MAC 地址就是通过地址解析协议获得的。"地址解析"就是主机在发送帧前将目标 IP 地址转换成目标 MAC 地址的过程。ARP 的基本功能是通过目标设备的 IP 地址查询目标设备的 MAC 地址,以保证通信的顺利进行。

(5) 互联网控制信息协议(ICMP):交换 IP 网络上的错误与连接方面的信息;提供 IP 出错信息,提供其他选项支持的信息。

(6) 文件传送协议(FTP):用于上传与下载 PLC CPU 中的文件。

(7) 邮件传送协议(SMTP):可以用于简单邮件的传送。

(8) 邮局协议(PGP3):可以将邮件服务器收到的邮件传送给本地计算机。

(9) 超文本传送协议(HTTP):可以用于全球网络数据通信。

在三菱 Q 系列 PLC 中,通过选择各种不同的网络链接特殊功能模块,可以组成不同类型的以太网。

4．通信的基本协议

1) 通用协议

国际标准化组织(ISO)提出了图 7-4 所示的开放系统互联的 OSI 模型,它详细描述了软件功能的 7 个层次,模型的最底层是物理层,实际通信就是在物理层通过互相连接的媒体进行通信的,常用串行接口标准 RS-232、RS-422 和 RS-485 等就属于物理层。

2) 公司专用协议

公司专用协议一般用于物理层、数据链路层和应用层。通过公司专用协议传送的数据是过程数据和控制命令,信息短,传送速度快,实用性较强。FX2N 系列 PLC 与计算机

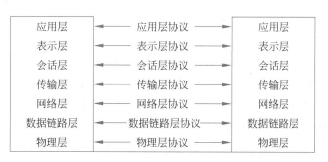

图 7-4 开放系统互联的 OSI 模型

的通信就是采用公司专用协议。

7.2 CC-Link 现场总线系统

CC-Link 是连接 PLC、控制设备、传感器、驱动设备的现场总线网络的简称,目前包括了 CC-Link 与 CC-Link/LT 两个层次,可以满足不同规模的场控制系统需要。CC-Link 是国际上应用最广泛的控制与通信网络标准之一,在全球,特别是在亚洲有大量的用户在使用。在我国,CC-Link 产品已经广泛应用于电力、采矿、汽车制造、橡胶轮胎、冶金、造纸、石油管线、污水处理及地铁等工业领域。

一般情况下,CC-Link 整个网络由 1 个主站和 64 个子站组成,它采用总线方式通过屏蔽双绞线进行连接。网络中的主站由三菱电动机 FX 系列以上的 PLC 或计算机担当,子站可以是远程 I/O 模块、特殊功能模块、带有 CPU 的 PLC 本地站、人机界面、变频器、伺服系统机器人,以及各种测量仪表、阀门、数控系统等现场仪表设备。如果需要增强系统的可靠性,可以采用主站和备用主站冗余备份的网络系统构成方式。采用第三方厂商生产的网关还可以实现从 CC-Link 到 ASI、S-Link、Unit-wire 等网络的连接。

7.2.1 CC-Link 的特点与功能

1. CC-Link 的特点

CC-Link 是一种用于工业现场控制的高速网络系统,它能够通过同一电缆同时对控制层的信息与 I/O 数据进行传输与处理,网络最高的传输速率可达 10Mb/s,最远距离可达 1200m,网络可以通过中继器进行扩展,并支持高速循环通信与大容量数据的瞬时通信。CC-Link 具有以下特点。

(1) 通信速度快。CC-Link 达到了行业中最高的通信速度(10Mb/s),可确保需高速响应的传感器输入和智能化设备间的大容量数据的通信,可以选择对系统最合适的通信速度及总的传输距离。

(2) 高速链接扫描。在只有主站及远程 I/O 站的系统中,通过设定为远程 I/O 网络模式的方法,可以缩短链接扫描时间。

(3) 备用主站功能。使用备用主站功能时,若主站发生了异常,则备用主站接替作为主站,使网络的数据链接继续进行。而且在备用主站运行过程中,若原先的主站恢复正常,则将作为备用主站回到数据链路中。在这种情况下,若运行中主站又发生异常,则备用主站又将接替主站继续进行数据链接。

（4）CC-Link 自动启动功能。在只有主站和远程 I/O 站的系统中，如果不设定网络参数，接通电源时，也可自动开始数据链接。默认参数为 64 个远程 I/O 站。

（5）远程设备站初始设定功能。使用 GX Developer 软件，无须编写顺序控制程序，就可完成握手信号的控制、初始化参数的设定等远程设备站的初始化。

（6）中断程序的启动（事件中断）。当从网络接收到数据，设定条件成立时，可以启动 CPU 模块的中断程序。因此，符合有更高速处理要求的系统。中断程序的启动条件最多可以设定 16 个。

（7）远程操作。通过连接在 CC-Link 中的一个 PLC 站上的 GX Developer 软件可以对网络中的其他 PLC 进行远程编程，也可通过专门的外部设备连接模块（作为一个智能设备站）来完成编程。

2. CC-Link 的功能

CC-Link 的功能如下。

（1）总线连接：它是 CC-Link 现场总线的最基本功能，系统可以通过简单的总线将各种工业控制设备连接成为统一的设备层网络。

（2）网络互连：CC-Link 现场总线系统可以方便地与 Ethernet 网、MELSECNET 网等进行互连，构成局域网。

（3）备用主站：使用 CC-Link 现场总线系统，可以在主站出现故障时利用备用主站进行网络控制，构成 PLC 的网络系统。

（4）从站脱离：当网络中一个从站停止通信时，CC-Link 现场总线系统允许网络中的其他站继续工作。

（5）自动恢复：当从站故障修复后，CC-Link 现场总线系统能够让脱离的从站自动恢复工作。

（6）测试与监控：CC-Link 现场总线系统可以监视数据的链接状态，并进行一系列的硬件与电路测试。

7.2.2 CC-Link 通信协议

CC-Link 数据链路协议也称"控制与通信总线 CC-Link 规范"（简称 CC-Link 规范），描述了 CC-Link 的基本概念与协议规范以及安装规定，详细阐述了 CC-Link 的通信格式、信息传送方式、物理层的链接方法、错误处理方法等基本内容。CC-Link 规范包括以下内容：

概念与协议规范：该部分介绍了 CC-Link 应用结构、定义了基本概念，并且对 CC-Link 的系统、物理层、数据链路层、应用层、报文传输功能进行了描述。

安装规定：该部分详细介绍了规范性引用文件、定义、缩略语和安装要求。

行规：该部分介绍了 CSP 文件的定义、内存映射规定等。

CC-Link/LT 规范：该部分对 CC-Link/LT 的系统、物理层、数据链路层、应用层与安装进行了描述。

1. CC-Link 的通信原理

CC-Link 的底层通信协议遵循 RS-485 协议,CC-Link 提供循环传输和瞬时传输两种通信方式。一般情况下,CC-Link 主要采用广播-轮询(循环传输)的方式进行通信。CC-Link 通信过程如图 7-5 所示,主站将刷新数据(RY/RWw)发送到所有从站,与此同时轮询从站 1,从站 1 对主站的轮询作出响应(RX/RWr),同时将该响应告知其他从站,然后主站轮询从站 2(此时并不发送刷新数据),从站 2 给出响应,并将该响应告知其他从站,以此类推,循环往复。

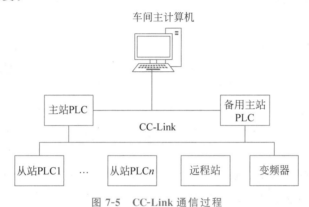

图 7-5　CC-Link 通信过程

除了广播-轮询方式,CC-Link 也支持主站与本地站、智能设备站之间的瞬时通信。从主站向从站的瞬时通信量为 150 字节/数据包,由从站向主站的瞬时通信量为 34 字节/数据包。所有主站和从站之间的通信进程以及协议都由通信用 LSI-MFP(Mitsubishi Field Network Processor)控制,其硬件的设计结构决定了 CC-Link 的通信的稳定性。

2. CC-Link 的通信方式

(1) 循环通信方式:CC-Link 采用广播循环通信方式。在 CC-Link 系统中,主站、本地站的循环数据区与各个远程 I/O 站、远程设备站、智能设备站相对应,远程输入/输出及远程寄存器的数据将被自动刷新。而且,因为主站向远程 I/O 站、远程设备站、智能设备站发出的信息也会传送到其他本地站,所以本地站可以了解远程站的动作状态。

(2) CC-Link 的链接元件:每个 CC-Link 系统可以进行最多 4096 点的位和最多 512 点的字数据的循环通信,通过这些链接元件以完成与远程 I/O、模拟量模块、人机界面、变频器等工业自动化(FA)设备之间的高速通信。CC-Link 的链接元件有远程输入(RX)、远程输出(RY)、远程写寄存器(RWw)和远程读寄存器(RWr)四种。远程输入是从远程站向主站输入的开/关信号位数据;远程输出是从主站向远程站输出的开/关信号(位数据);远程写寄存器(RWw)是从主站向远程站输出的数字数据(字数据);远程读寄存器(RWr)是从远程站向主站输入的数字数据(字数据)。

(3) 瞬时传送通信:在 CC-Link 中,除了自动刷新的循环通信,还可以使用不定期收发信息的瞬时传送通信方式。瞬时传送通信可以由主站、本地站、智能设备站发起。瞬时传送可以进行以下处理:

① 某一 PLC 站读写另一 PLC 站的软元件数据。

② 主站 PLC 对智能设备站读写数据。

③ 用 GX Developer 软件对另一 PLC 站的程序进行读写或监控。

④ 上位 PC 等设备读写一台 PLC 站内的软元件数据。

7.3　PLC 网络的术语

PLC 通信中常用的专业术语如下。

站：在 PLC 网络系统中，将可以进行数据通信、连接外部输入/输出的物理设备称为"站"。

主站：PLC 网络系统中进行数据连接的系统控制站，主站上设置了控制整个网络的参数，每个网络系统只有一个主站，站号实际就是 PLC 在网络中的地址。

从站：PLC 网络系统中，除了主站，其他的站称为"从站"。

远程设备站：PLC 网络系统中，能同时处理二进制位、字的从站。

本地站：PLC 网络系统中，带有 CPU 模块并可以与主站以及其他本地站进行循环传输的站。

站数：PLC 网络系统中，所有物理设备（站）所占用的"内存站数"的总和。

网关：又称网间连接器、协议转换器，网关在传输层上以实现网络互联，是最复杂的网络互联设备，仅用于两个高层协议不同的网络互联。

中继器：用于网络信号放大、调整的网络互联设备，能有效延长网络的连接长度。例如，PPI 的正常传送距离小于或等于 50m，经过中继器放大后，可传输超过 1km。

路由器（转发者）：路由是指通过相互连接的网络把信息从源地点移动到目标地点的活动。一般来说，在路由过程中信息至少会经过一个或多个中间节点。路由器是互联网的主要节点设备。

交换机：交换机是为了解决通信阻塞而设计的，是一种基于 MAC 地址识别，能完成封装转发数据包功能的网络设备。交换机可以"学习"MAC 地址，并把其存放在内部地址表中，通过在数据帧的始发者和目标接收者之间建立临时的交换路径，使数据帧直接由源地址到达目的地址。

网桥：也称桥接器，是连接两个局域网的一种存储/转发设备，它能将一个大的 LAN 分割为多个网段，或将两个以上的 LAN 互联为一个逻辑 LAN，使 LAN 上的所有用户都可访问服务器。网桥将网络的多个网段在数据链路层连接起来。

7.4　FX2N 系列 PLC 通信

PLC 组网主要通过 RS-232、RS-422 和 RS-485 等通信接口进行通信（图 7-6），若通信的设备具有相同类型的接口，则可直接通过适配的电缆连接并实现通信；若通信设备间的接口不同，则需要通过一定的硬件设备进行接口类型的转换。三菱接口类型或转换接口类型的器件主要有两种基本类型：一种是功能扩展板，这是没有外壳的电路板，可打开基本单元的外壳后装入机箱中；另一种是有独立机箱的扩展模块。

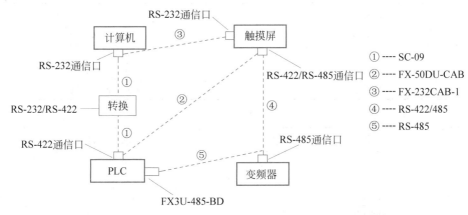

图 7-6 计算机、PLC、变频器及触摸屏之间的通信口及通信线

1. PLC 之间的并行通信

FX2N 系列 PLC 可通过两种连接方式实现两台同系列 PLC 间的并行通信：两台 PLC 之间的最大有效距离为 50m，通过 FX2N-485-BD 内置通信板和专用的通信电缆，以及通过 FX2N-CNV-BD 内置通信板、FX0N-485ADP 适配器和专用的通信电缆。

2. PC 与 PLC 之间的通信

通信系统的连接采用 RS-485 接口的通信系统，一台 PC 最多可以连接 16 台 PLC。如图 7-7 所示，采用 FX2N-485-BD 内置通信板和 FX-485PC-IF，将一台通用计算机与 3 台 FX2N 系列 PLC 连接通信。

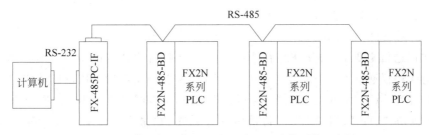

图 7-7 计算机与 3 台 FX2N 系列 PLC 连接通信示意图

采用 RS-232 接口的通信系统。FX2N 系列 PLC 之间采用 FX2N-232-BD 内置通信板进行连接（最大有效距离为 15m）或者采用 FX2N-CNV-B 和 FX0N-232ADP 特殊功能模块进行连接。计算机与 PLC 之间采用 FX2N-232-BD 内置通信板外部接口通过专用的通信电缆直接连接。

1) 通信配置

线路连接后，PC 与多台 PLC 通信时，要设置站号、通信格式，通信要经过连接的建立、数据的传送和连接的释放三个过程。PLC 的参数设置是通过通信接口寄存器（表 7-1）及参数寄存器（表 7-2）设置的。

表 7-1　通信接口寄存器

元件号	功　　能
M8126	ON 时,表示全体
M8127	ON 时,表示握手
M8128	ON 时,通信出错
M8129	ON 时,字/位切换

表 7-2　通信参数寄存器

元件号	功　　能
D8120	通信格式
D8121	站号设置
D8127	数据头内容
D8128	数据长度
D8129	数据网通信暂停值

2) 通信格式

通信格式决定了计算机连接和无协议通信(RS 指令)之间的通信设置(包括数据通信长度、奇偶校验和波特率等)。通信格式可用 PLC 中的特殊数据寄存器 D8120 设置。根据所接的外部设备设置 D8120。修改 D8120 的设置后,应关掉 PLC 的电源重新启动,否则设置无效。

3. 无协议通信

1) 无协议通信的概念

顾名思义,无协议通信就是没有标准的通信协议,用户可以自己规定协议,并非没有协议,有的 PLC 称为"自由口"通信协议。

2) 无协议通信的功能

无协议通信主要是与打印机、条形码阅读器、变频器或者其他品牌的 PLC 等第三方设备进行无协议通信。在 FX 系列 PLC 中使用 RS 或者 RS2 指令执行该功能,其中 RS2 是 FX3U、FX3UC PLC 的专用指令,通过指定通道,可以同时执行两个通道的通信。

(1) 无协议通信数据的点数允许最多发送 4096 点,最多接收 4096 点,但发送和接收的总数据量不能超过 8000 点。

(2) 采用无协议方式,连接支持串行设备,可实现数据的交换通信。

(3) 使用 RS-232C 接口时,通信距离一般不大于 15m;使用 RS-485 接口时,通信距离般不大于 500m,使用 485BD 模块时,最大通信距离为 50m。

3) 无协议通信简介

FX2N 系列 PLC 与 PC 之间可以通过 RS 指令实现串行通信,该指令用于串行数据的发送和接收。RS 指令格式如图 7-8 所示,其中:[S.]指定传输缓冲区的首地址;m 指定传输信息长度;[D.]指定接收缓冲区的首地址;n 指定接收数据长度,即接收信息的最大长度。

无协议通信中用到的软元件如表 7-3 所示。

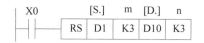

图 7-8 RS 指令格式

表 7-3 无协议通信中用到的软元件

元件编号	名 称	内 容	属性
M8122	发送请求	置位后,开始发送	读/写
M8123	接收结束标志	接收结束后置位,此时不能再接收数据,需人工复位	读/写
M8161	8 位处理模式	在 16 位和 8 位数据之间切换接收和发送数据,ON 时为 8 位模式,OFF 时为 16 位模式	写

D8120 字的通信格式如表 7-4 所示。

表 7-4 D8120 字的通信格式

位编号	名 称	内容	
		0(OFF 位)	1(ON 位)
b0	数据长度	7 位	8 位
b1b2	奇偶校验	(0,0):无 (1,0):奇校验(ODD) (1,1):偶校验(EVEN)	
b3	停止位	1 位	2 位
b4b5b6b7	波特率	(1,1,0,0):300　　(1,1,1,0):4,800 (0,0,1,0):600　　(0,0,0,1):9,600 (1,0,1,0):1,200　　(1,0,0,1):19,200 (0,1,1,0):2,400	
b8	报头	无	有
b9	报尾	无	有
b10b11	控制线	无协议　(0,0):无<RS-232C 接口> (1,0):普通模式<RS-232C 接口> (0,1):相互链接模式<RS-232C 接口> (1,1):调制解调器模式<RS-232C/RS-485 接口>	
		计算机链接　(0,0):RS-485 通信<RS-422/RS-485 接口> (1,1):调制解调器模式<RS-232C 接口>	
b12	不可用		
b13	和校验	不附加	附加
b14	协议	无协议	专用协议
b15	控制顺序(CR、LF)	不使用 CR、LF	使用 CR、LF

　　FX2N 系列 PLC 与 PC 之间采用特殊功能模块 FX2N-232-IF 连接时,通过通用指令 FROM/TO 指令也可以实现串行通信。

7.5　N：N 通信网络及其应用

N：N 通信网络也称为简易 PLC 间链接,通过该网络可以将 PLC 链接成一个小规模的系统数据,FX 系列的 PLC 同时可以最多 8 台联网。

M8038 主要用于设置 N：N 网络参数,主站和从站都可响应。

数据存储器的对应类型如表 7-5 所示。

表 7-5　数据存储器的对应类型

数据存储器	站点号	描　述	相应类型
D8176	站点号设置	设置自己的站点号	主站
D8177	总从站点数设置	设置从站总数	主站
D8178	刷新范围设置	设置刷新范围	主站
D8179	重试次数设置	设置重试次数	主站
D8180	通信超时设置	设置通信超时	主站

设置自己的站点号(D8176):主站的设置数值为 0;从站设置数值为 1~7,1 表示 1 号从站,2 表示 2 号从站。

设置从站的总数(D8177):设置数值为 1~7,设置数为从站。如果只有一个从站,则将从站中的 D8176 设置为 1,从站不需要设置。

设置刷新范围(D8178):设置数值为 0~2,即共有三种模式,设置为 1 表示模式 1,设置为 2 表示模式 2。对于 FX 系列的 PLC,当设定模式 2 时,位元件为 64 点,字元件为 8 点。从站不需要设置刷新范围,模式 2 的软元件分配如表 7-6 所示。

表 7-6　FX2N、FX2NC、FX3U 系列 PLC 模式 2 的软元件分配

站点号	软元件	
	位软元件(M)	字软元件(D)
	64 点	8 点
第 0 号	M1000~M1063	D00~D07
第 1 号	M1064~M1127	D10~D17
第 2 号	M1128~M1191	D20~D27
第 3 号	M1192~M1255	D30~D37
第 4 号	M1256~M1319	D40~D47
第 5 号	M1320~M1383	D50~D57
第 6 号	M1384~M1477	D60~D67
第 7 号	M1448~M1511	D70~D77

设置重复次数(D8179):设置数值为 0~10,设置到主站的 D8178 数据寄存器中,默认值为 3,从站不需要设置。设定通行超时(D8180):设定数值为 5~255,设置到主站的 D8179 数据寄存器中,默认值为 5,此值乘以 10ms 就是超时时间。如果设定值为 3,则超时时间为 30ms。

例 7-1　FX3U-32MR 的 PLC(自带 FX3U-485BD 模块),电气原理图如 7-9 所示,一

台作为主站,另一台作为从站,当主站的 SB1 按钮接通后,从站的 Y0 控制的灯,以 1s 为周期闪烁 10s 后,反馈信号回到主站压下 SB2 按钮系统停机,要求设计梯形图。

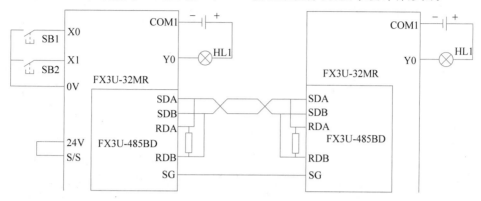

图 7-9　电气原理图

如图 7-9 所示,当 X0 接通时,M1000 线圈上电,启动信号送从站,当 X1 接通时,M1001 线圈上电,停止信号送到从站。如图 7-10 和图 7-11 所示,从站的 M1000 闭合,Y控制的灯以 1s 为周期进行闪烁。定时 10s 后 M1064 线圈上电,信号送到主站,主站的 M1064 接通,Y0 控制的灯亮。

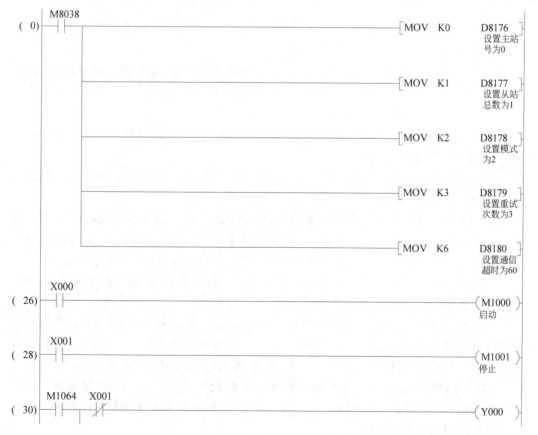

图 7-10　主站梯形图

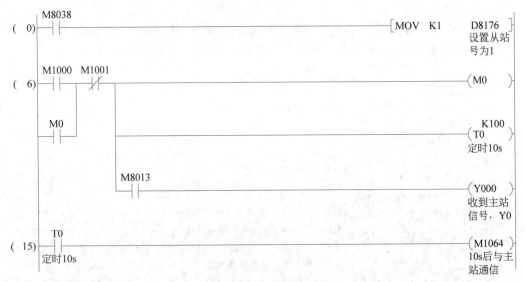

图 7-11　从站梯形图

7.6　变频器通信及其应用

变频器通信以 RS-485 通信方式连接 FX2N、FX3U 系列可编程控制器与变频器,最多可以对 8 台变频器进行运行监控,实现各种指令及参数的读出/写入功能。

1. 通信参数

Pr.117~Pr.124、Pr.331~Pr.337、Pr.34 是关于 RS-485 通信设置的参数区,其中 Pr.117~Pr.124 是 PU 口通信的相关参数区,Pr.331~Pr.337、Pr.341 是 RS-485 端口(对于 A700 系列变频器)通信的相关参数区。

(1) Pr.117(Pr.331):站号设置,当变频器与其他设备进行通信时,需要设定变频器的站号,站号设定范围 0~31。

(2) Pr.118(Pr.332):通信速率设置,可以设为 48、96、192,即 4.8kb/s、9.6kb/s、19.2kb/s,A700 系列还可以设为 384,即 38.4kb/s。

(3) Pr.119(Pr.333):字节长/停止位长设置,设定字节的长度和停止位的长度,设定范围为 0、1、10、11。设定为 0 时,字节长 8 位,停止位为 1 位;设定为 1 时,字节长 8 位,停止位为 2 位;设定为 10 时,字节长 7 位,停止位为 1 位;设定为 11 时,字节长 7 位,停止位为 2 位。

(4) Pr.120(Pr.334):奇偶校验有/无设置,设定范围为 0~2,设定为 0 表示无校验,设定为 1 表示奇校验,设定为 2 表示偶校验。

(5) Pr.121(Pr.335):通信校验再试次数设置,设定范围为 0~10 和 9999,设定发生数据接收错误允许的再试次数,如果超过设定值,变频器报警停止。设定为 9999,通信错误发生时,变频器不报警停止,只能通过输入 MRS、RES 信号使变频器停止。

(6) Pr.122(Pr.336):通信校验时间间隔设置,设定范围为 0~9999,设定为 0 表示不进行通信;设定为 1~9998 即 0.1~999.8s;设定为 9999 表示无通信状态持续时间超过允许时间时变频器报警停止。

（7）Pr.123（Pr.337）：等待时间设置，即设定变频器收到数据后信息返回的等待时间，设定范围为 0～150 和 9999。设定为 0～150 即 0～150ms，设定为 9999 时表示用通信数据进行设定。

（8）Pr.124（Pr.341）CR.LF：有/无设置，即回车和换行的有/无设定，设定范围 0、1、2，0 表示无回车和换行；1 表示有回车无换行；2 表示有回车有换行。

变频器通信规格如表 7-7 所示。

表 7-7　变频器通信规格

协议形式	变频器计算机链接
控制顺序	启停同步
通信方式	半双工双向
数据位/位	7
停止/起始位/位	1
奇偶校验	偶校验（1 位）
波特率/(b/s)	4,800/9,600/19,200（任选其一）

2. 变频器通信指令的所需时间

如图 7-12 所示，一个变频器通信指令从启动到与变频器完成通信（M8029 为 ON）的时间为变频器通信指令的所需时间。

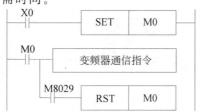

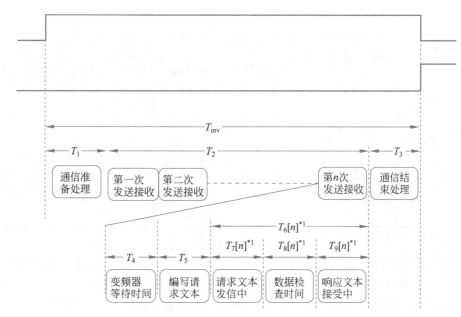

图 7-12　变频器通信指令时间

变频器通信指令的所需时间 T_{inv} (ms)按以下方式计算。另外,算式中的 INT(n) 中,n 为舍去小数点以下数字的整数值。

变频器通信的通信设定为固定值。根据通信规格可知,1 字符长度如下式:

1 字符长度＝起始位＋数据长度＋奇偶校验＋停止位＝1＋7＋1＋1＝10(bit)

变频器通信指令的所需时间如下式:

$$T_{inv} = T_1 + T_2 + T_3$$

$$T_1 = 1\text{ms}$$

$$T_2 = n \times (T_4 + T_5) + \sum T_6[n] \quad (n \text{ 为发送接收次数})$$

$$T_3 = 1\text{ms}$$

$$T_4 = \left[\text{INT}\left(\frac{15}{\text{扫描时间}}\right) + 1\right] \times \text{扫描时间}$$

$$T_5 = 1\text{ms}$$

当扫描时间小于 $T_7[n] + T_8[n] + T_9[n]$ 时,有

$$T_6[n] = \left[\text{INT}\left(\frac{T_7[n] + T_8[n] + T_9[n]}{\text{扫描时间}}\right) + 1\right] \times \text{扫描时间}$$

当扫描时间远大于 $T_7[n] + T_8[n] + T_9[n]$ 时,有

$$T_6[n] = \left[\text{INT}\left(\frac{T_7[n] + T_8[n] + T_9[n]}{\text{扫描时间}}\right) + 2\right] \times \text{扫描时间}$$

$$T_7[n] + T_9[n] = \left[\frac{1}{\text{通信速度}} \times \text{发送接收字符数}^{*1} \times 1\text{ 字符长度}\right] \times 1000$$

T_8 为变频器的数据检查时间。

发送接收字符数如表 7-8 所示。

表 7-8　发送接收字符数

变频器通信指令	参　　数	第 1 次			第 2 次			第 3 次		
		发送	接收	合计	发送	接收	合计	发送	接收	合计
IVRD	不要切换第 2 参数	11	4	15	9	11	20	—	—	—
	要切换第 2 参数	11	4	15	11	4	15	9	11	20
IVCK	H73,H7A,H7F,H6C	9	9	18	—	—	—	—	—	—
	上述以外	9	11	20	—	—	—	—	—	—
IVWR	不要切换第 2 参数	11	4	15	13	4	17	—	—	—
	要切换第 2 参数	11	4	15	11	4	15	13	4	17
IVBWR[*2]	不要切换第 2 参数	11	4	15	13	4	17	—	—	—
	要切换第 2 参数	11	4	15	11	4	15	13	4	17

注：IVWR、IVRD、IVBWR 指令自动切换扩展参数,或切换第 2 参数。

IVWR、IVRD 指令最后的发送接收(第 2 或 3 次)数据检查时间,及 IVBWR 指令的每次参数写入命令的最后的发送接收数据检查时间,为参数读出/写入(<30ms)时间。上述以外的发送接收(扩展参数切换、第 2 参数切换)数据检查时间为各种监视(<12ms)

时间。

例 7-2 以下通信设定为扫描周期中与变频器进行通信时的参数,其中通信速度为 19200b/s,1 字符长度为 10 位,扫描时间为 10ms。当使用 IVRD 指令不要切换第 2 参数时,试计算与变频器通信所需时间。

$$T_1 = 1\text{ms}$$

$$T_3 = 1\text{ms}$$

$$T_4 = \left[\text{INT}\left(\frac{15}{10}\right) + 1\right] \times 10 = 20(\text{ms})$$

$$T_5 = 1\text{ms}$$

$$T_7[1] + + T_9[1] = \left[\frac{1}{19200} \times (11 + 4) \times 10\right] \times 1000 = 7.8(\text{ms})$$

$$T_8[1] = 12\text{ms}$$

$$T_6[1] = \left[\text{INT}\left(\frac{T_7[1] + T_8[1] + T_9[1]}{10}\right) + 1\right] \times 10 = \left[\text{INT}\left(\frac{7.8 + 12}{10}\right) + 1\right] \times 10 = 20(\text{ms})$$

$$T_7[2] + + T_9[2] = \left[\left(\frac{1}{19200}\right) \times (9 + 11) \times 10\right] \times 1000 = 10.4(\text{ms})$$

$$T_8[2] = 30(\text{ms})$$

$$T_6[2] = \left[\text{INT}\left(\frac{T_7[2] + T_8[2] + T_9[2]}{10}\right) + 1\right] \times 10 = \left[\text{INT}\left(\frac{10.4 + 30}{10}\right) + 1\right] \times 10 = 50(\text{ms})$$

$$T_2 = 2 \times (T_4 + T_5) + T_6[1] + T_6[2] = 2 \times (20 + 1) + 20 + 50 = 112(\text{ms})$$

$$T_{\text{inv}} = T_1 + T_2 + T_3 = 1 + 112 + 1 = 114(\text{ms})$$

3. FX2N、FX2NC 和 FX3S、FX3G、FX3GC、FX3U、FX3UC 的差异

FX3S、FX3G、FX3GC、FX3U、FX3UC 可编程控制器与 FX2N、FX2NC 中变频器通信的指令、软元件都不同。在 FX3S、FX3G、FX3GC、FX3U、FX3UC 可编程控制器中使用原 FX2N、FX2NC 可编程控制器的程序时,参考表 7-9 后做出相应修改。

变频器通信指令如表 7-9 所示。

表 7-9 变频器通信指令

功　　能	FX2N、FX2NC	FX3S、FX3G、FX3GC、FX3U、FX3UC
变频器的运行监视	EXTR(K10)	IVCK
变频器的运行控制	EXTR(K11)	IVDR
读出变频器的参数	EXTR(K12)	IVRD
写入变频器的参数	EXTR(K13)	IVWR
变频器参数的成批写入	—	IVBWR[①]
变频器的多个命令	—	IVMC

注：① 在电源从 OFF 切换到 ON 后清除。

位软元件如表 7-10 所示。

表 7-10 位软元件

软元件		名　称	内　容	R/W
通道 1	通道 2			
M8092		指令执行结束	变频器通信指令执行结束时,维持一个运算周期为 ON。即使变频器通信错误(M8152、M8157)为 ON,只要指令执行结束,也会置 ON	R
M8063	M8438	串行通信错误①	即使变频器通信以外的通信,也置 ON,是所有通信通用的标志位	R
M8151	M8156	变频器通信中	与变频器进行通信过程中置 ON	R
M8152	M8156	变频器通信错误②	与变频器之间通信错误时,置 ON 的标志位	R
M8153	M8156	变频器通信错误锁存②	与变频器之间的通信错误时,置 ON 的标志位	R
M8154	M8156	IVBWR 指令错误②③	在 IVBWR 指令中发生错误时置 ON	R

注:R 表示读出专用(在程序中作为触点使用)。

① 表示在电源从 OFF 切换到 ON 后清除。

② 表示从 STOP 切换到 RUN 时清除。

③ 表示仅 FX3U、FX3UC 可编程控制器支持 IVBWR 指令。

字软元件如表 7-11 所列。

表 7-11 字软元件

软元件编号		名　称	内　容	R/W
通道 1	通道 2			
D8063	D8438	串行通信错误代码①	保存通信错误的错误代码	R
D8150	D8155	变频器通信的响应等待时间①	设定变频器通信的响应等待时间	R/W
D8151	D8156	变频器通信中的步编号	保存正在执行变频器通信的指示的步编号	R
D8152	D8157	变频器通信错误代码②	保存变频器通信的错误代码	R
D8153	D8158	发生变频器通信错误的步②	对发生变频器通信错误的步进行了锁存④	R
D8154	D8159	IVBWR 指令错误的参数编号②③	IVBWR 指令错误时,保存参数编号	R
D8419	D8439	动作方式显示	保存正在执行的通信功能	R

注:R 为读出专用;W 为写入专用;R/W 为读出/写入均可。

① 在电源从 OFF 切换到 ON 后清除。

② 从 STOP 切换到 RUN 时清除

③ 仅 FX3U、FX3UC 可编程控制器支持 IVBWR 指令。

④ 仅在首次发生错误时更新,在第 2 次以后错误时都不更新。

4．编程时的注意事项

1）与其他指令的合用

（1）使用通道 1(ch1)的变频器通信指令不能与 RS 指令合用。

（2）与 RS2 指令使用相同通道的变频器通信指令不能使用。

2）在 STL 指令的状态内编程的场合

在与变频器之间的通信结束前，勿为 OFF 状态。按照下列注意事项进行顺控编程。

（1）在状态的转移条件中加上 M8029(指令执行结束标志位)的 ON 条件进行互锁，以确保在与变频器进行通信的过程中状态不发生转移。此外，如果在通信过程中状态转移，则可能无法进行正常通信。

（2）在通信端口中使用 M8151、M8156 的 OFF 条件成立的状态下，使用 ZRST (FNC.40)指令等执行状态的区间复位。

变频器复位梯形图如图 7-13 所示。

图 7-13　变频器复位梯形图

3）在程序流程中的使用

变频器通信指令不能在表 7-12 所示的程序流程中使用。

表 7-12　不可使用的程序流程表

不可以使用的程序流程	备　　注
CJ-P 指令之间	条件跳转
FOR-NEXT 指令之间	循环
P-SRET 指令之间	子程序
I-IRET 指令之间	中断子程序

4）进行程序的 RUN 中写入操作

（1）允许写入的场合：可编程控制器处于 STOP 状态时，允许 RUN 中写入的操作。

（2）不允许写入的场合：变频器通信指令不支持 RUN 中写入。在通信过程中执行了 RUN 中写入，或是用 RUN 中写入方式删除了指令时，此后的通信有可能会停止（此时将可编程控制器从 STOP 切换为 RUN 进行初始化）。

5）使用 E500 系列的场合

E500 系列的参数 Pr.922、Pr.923 不能在本功能中使用。

例 7-3　实用程序举例(FX3S，FX3G，FX3GC，FX3U，FX3UC)。

（1）在可编程控制器运行时向变频器写入参数值，其梯形图如图 7-14 所示。

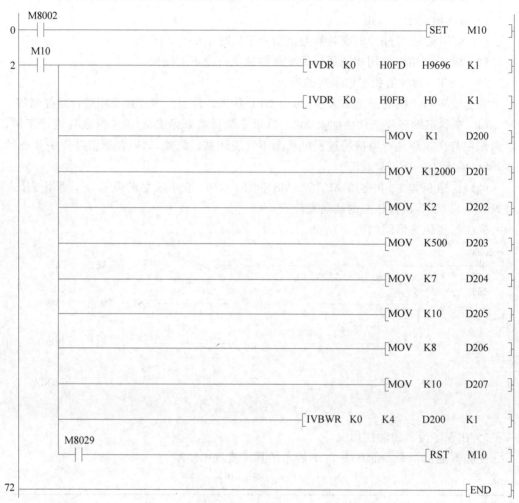

图 7-14　变频器写入参数值梯形图

（2）通过顺序控制程序更改速度。

不使用 IVMC 指令梯形图如图 7-15 所示。

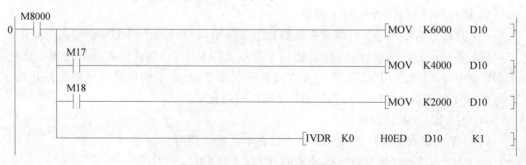

图 7-15　不使用 IVMC 指令梯形图

使用 IVMC 指令梯形图如图 7-16 所示。

```
    M8000
0 ──┤├─────────────────────────────────────[MOV  K6000  D11]
      M17
   ──┤├────────────────────────────────────[MOV  K4000  D11]
      M18
   ──┤├────────────────────────────────────[MOV  K2000  D11]
```

图 7-16　使用 IVMC 指令梯形图

（3）变频器的运行控制。

不使用 IVMC 指令梯形图如图 7-17 所示。

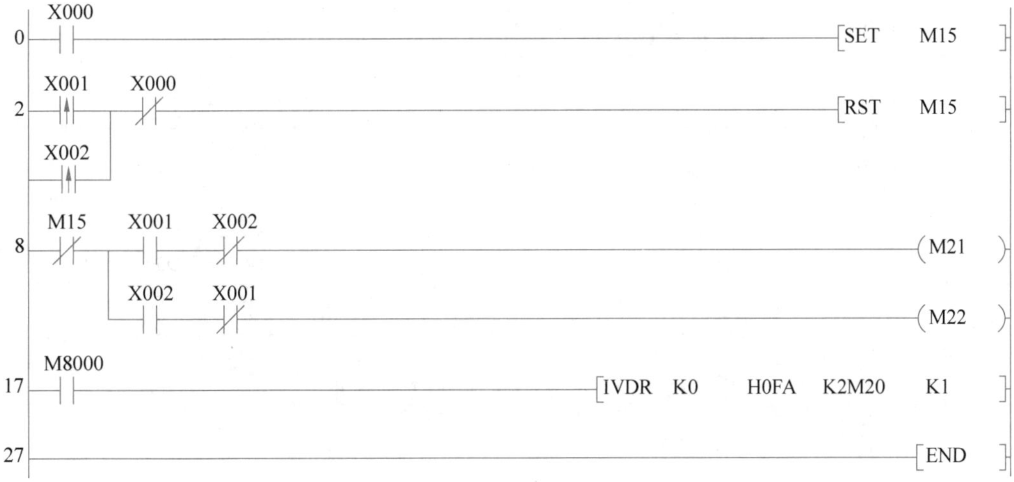

```
     X000
0  ──┤├────────────────────────────────────[SET   M15]
     X001   X000
2  ──┤↑├──┤/├──────────────────────────────[RST   M15]
     X002
   ──┤↑├──┘
     M15   X001   X002
8  ──┤/├──┤├───┤/├──────────────────────────(M21)
            X002   X001
          ──┤├───┤/├──────────────────────────(M22)
     M8000
17 ──┤├───────────────────[IVDR  K0   H0FA  K2M20  K1]
27 ─────────────────────────────────────────[END]
```

图 7-17　不使用 IVMC 指令梯形图

使用 IVMC 指令梯形图如图 7-18 所示。

```
     X000
0  ──┤├────────────────────────────────────[SET   M15]
     X001   X000
2  ──┤↑├──┤/├──────────────────────────────[RST   M15]
     X002
   ──┤↑├──┘
     M15   X001   X002
8  ──┤/├──┤├───┤/├──────────────────────────(M21)
            X002   X001
          ──┤├───┤/├──────────────────────────(M22)
     M8000
17 ──┤├───────────────────────────[MOV  K4M20  D10]
23 ─────────────────────────────────────────[END]
```

图 7-18　使用 IVMC 指令梯形图

（4）变频器运行监视。

不使用 IVMC 指令梯形图如图 7-19 所示。

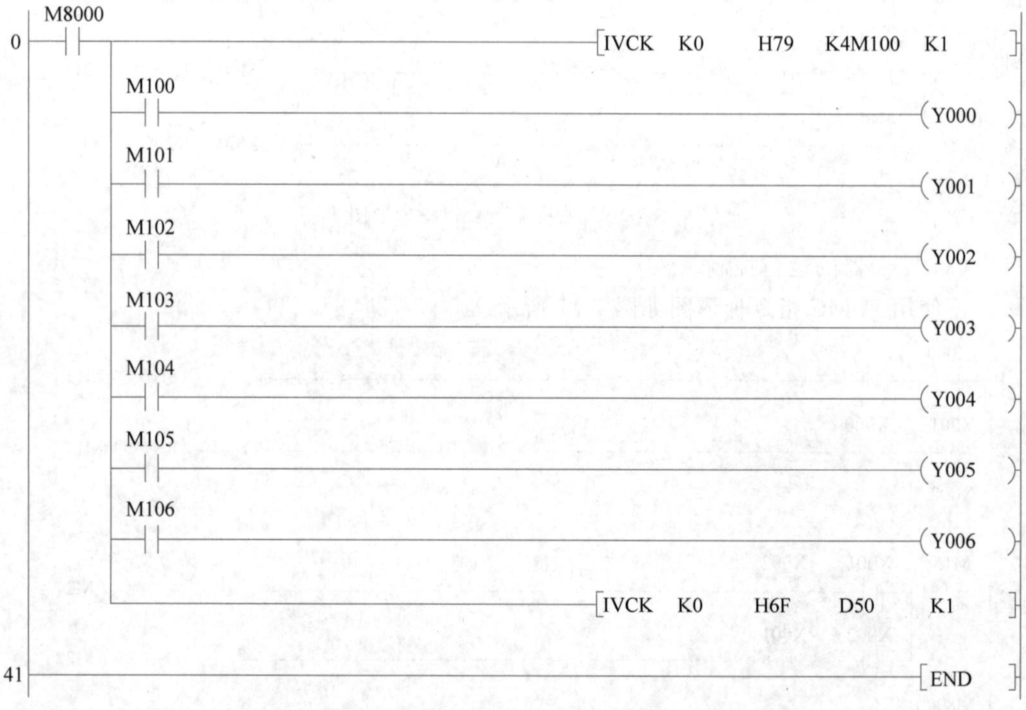

图 7-19　不使用 IVMC 指令梯形图

习题

1. 选择题

（1）实用 N∶N 网络通信时，需要用到很多辅助继电器和数据寄存器，其中 D8176 的作用是（　　）。

    A. 设置网络中从站数　　　　　　　　B. 设置站点号

    C. 设置刷新范围　　　　　　　　　　D. 设置重试次数

（2）三菱 FX 系列 PLC 经常采用 N∶N 网络通信，即 N∶N 网络中允许有（　　）个主站，其余均为从站。

    A. 1　　　　　　　　B. 2　　　　　　　　C. 3　　　　　　　　D. 4

（3）PLC 通信中，比较常用的通信介质不包含（　　）。

    A. 带屏蔽的双绞线　　B. 光纤　　　　　　C. 同轴电缆　　　　D. 微波通信

2. 请介绍单工、半双工、全双工的概念，说明什么是并行通信、串行通信，各自的特点有哪些？

3. 什么是局域网？它有几种形式？

4. 现有计算机一台，FX2N 系列 PLC 一个，FX2N-232BD 的通信板一块，RSS32 接口 2 个，试将 PLC 与计算机数据互换，进行数据通信。

参 考 文 献

[1] 阮友德.PLC、变频器、触摸屏综合应用实训[M].北京：中国电力出版社,2021.

[2] 刘守操.可编程序控制器技术与应用[M].3版.北京：机械工业出版社,2019.

[3] 张豪.三菱 PLC 应用案例解析[M].北京：中国电力出版社,2012.

[4] 蔡杏山.三菱 PLC、变频器、触摸屏与组态技术自学一本通[M].微课视频版.北京：电子工业出版社,2022.

[5] 周丽芳,李伟生,杨美美,等.三菱 PLC 从入门到精通[M].2版.北京：人民邮电出版社,2018.

[6] 侯秀丽,王根喜,王清清.电气控制与 PLC 项目化教程[M].哈尔滨：哈尔滨工业大学出版社,2018.

[7] 徐超,黄信兵.FX3U PLC 技术项目教程[M].北京：机械工业出版社,2023.

[8] 曹弋.三菱 FX 系列 PLC 原理及应用(含仿真与实训)[M].北京：机械工业出版社,2022.